JN100077

作って学ぶ

HTML+CSS
グリッドレイアウト

エビスコム 著

マイナビ

■サポートサイトについて

本書で解説している作例のソースコードや特典 PDF は、下記のサポートサイトから入手できます。

https://book.mynavi.jp/supportsite/detail/9784839984960.html

はじめに

「HTML & CSS は簡単」と言われます。ところが、いざ Web の実装・構築を始めてみると、いろいろな壁にぶつかります。

・レイアウトのためにどんどん深くなる DOM（HTML）のネスト構造
・スペースをどこでどう入れていくか
・どうやってレスポンシブを管理するか
・コンポーネントを組み込んだときの影響をどう軽減していくか

… etc.

悩みのタネは尽きません。

それもそのはず。CSS は「ドキュメントをレイアウトするために作られたもの」であり、現在の Web のように多種多様なものをレイアウトしたり、コンポーネント化して管理するといったことは想定されていなかったからです。

そんな中、ドキュメント以外の、さまざまなレイアウトに対応すべく登場したのが、新しいレイアウトシステムの「CSS グリッド（CSS Grid）」です。

ただ、これまでの CSS の機能の１つとして捉えてしまうと、なかなかグリッドのポテンシャルを活かすことができません。そこで本書では、HTML & CSS の歴史から振り返り、CSS グリッドの立ち位置や基本を見直した上で、実践的なパーツや UI を構築していきます。

" CSS グリッドで Web のレイアウトをロジカルにコントロールする "

そのための一助として、本書を活用していただければ幸いです。

■ イントロダクション

CSSグリッドの立ち位置と本書の構成

「フレックスボックスは1次元、CSSグリッドは2次元のレイアウトに適している」と言われることから、比較されることの多い2つのレイアウトモデルです。この比較、CSSグリッドへの取っ掛かりとしては悪くないのですが、フレックスボックスを主体とした比較であるため、CSSグリッドの本質が分かりづらくなってしまうという問題を抱えています。

では、何が問題なのでしょうか？　CSSグリッドの立ち位置を考えれば、その比較の対象はフローレイアウトとされるべきなのです。そう、Webのレイアウトの根本であるフローレイアウトです。

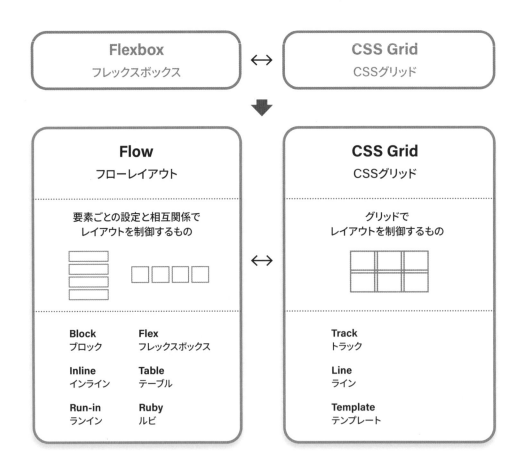

フローレイアウトはドキュメントのレイアウトシステムとして Web の誕生とともに登場したレイアウトシステムです。Web でレイアウトする際に何も設定しなければ、デフォルトでフローレイアウトが使用されます。そのため、意識されることもほとんどありません。

ただ、フローレイアウトを意識すると、フレックスボックスはフローレイアウトを拡張した存在であることが見えてきます。そして、CSS グリッドはフローレイアウトの抱える問題を解決するために用意された、まったく異なるレイアウトシステムであることも。

そのため、「フレックスボックスは 1 次元、CSS グリッドは 2 次元のレイアウト」という形で比較しても、見えてこない部分がたくさんあります。その見えてこない部分を明確にしないと、CSS グリッドの必要性や重要性はいまいちピンときません。「CSS グリッドを使わなくてもフレックスボックスでもできるし…」「少ない行数で書けるなら使うけど…」ぐらいの扱いになってしまいます。

何しろ、現在の Web デザインはフローレイアウトで実現可能なものをベースにして進化してきたものです。ここまでの HTML & CSS での蓄積が元になっていますので、当然です。
そして、そうしたデザインを扱う限り、フローレイアウトのレイアウトシステムに問題を感じることはありませんし、フローレイアウトを使ってレイアウトする方が効率的でもあります。CSS グリッドの必要性をあまり感じないのも当然のことと言えます。

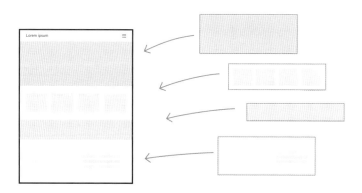

ブロックを上から順に並べて構成していく、
フローレイアウトに最適化されたレイアウト

ところが、フローレイアウトが苦手とするものが徐々に増えてきました。たとえば、Web アプリの UI のように、レスポンシブな環境できっちりとレイアウトをコントロールしなければならないもの。また、ヘッドレス CMS からのコンテンツやコンポーネントが抱えることになる子要素、想定しきれない要素のスタイリングなど…。

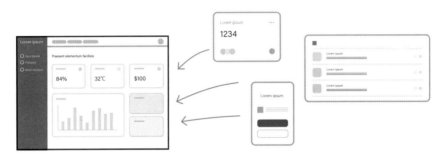

アプリのUIや未知のものなどを組み合わせて
構築していくレイアウト

こうしたレイアウトは、ドキュメントのためのレイアウトシステムとして登場したフローレイアウトがまったく想定していなかったものですから仕方がありません。そして、フローレイアウトの代わりに、こうしたものも扱えるレイアウトシステムとして登場したのが CSS グリッドなのです。

そこで、本書では実際に CSS グリッドのコードを扱い始める前に、CSS グリッドの立ち位置やその構成を明確にしておきたいと思います。

そのためには Web におけるレイアウトシステムの歴史や背景を知るのが近道です。このあとの Chapter 1 と 2 を通してフローレイアウトの背景や拡張の歴史、CSS グリッド誕生までの流れや、CSS グリッドに搭載されることになった各種機能の必然性や特徴などを見ていきます。

Chapter 3 からはサンプルを構築しながら CSS グリッドの基本やロジックを確認し、Chapter 5 で実践的なレイアウトを構築していきます。

Chapter 1　Web標準のレイアウトシステム

Web が誕生したときから使われてきた、標準のレイアウトシステムである「フローレイアウト」。その生い立ちから、どうしてフローレイアウトでレイアウトを制御するのは難しいのか、ハックを使ったレイアウトの普及などについて見ていきます。

Chapter 2　CSSグリッドの誕生とその特徴

フレックスボックス（Flexbox）が登場したものの、それでは不十分だった理由。そして、フローレイアウトやフレックスボックスとは異なるものとして、どのような概念を取り込み、どのような特徴を持つ形で「CSS グリッド」が登場したのかを見ていきます。

Chapter 3　基本のグリッド

CSS グリッドに取り入れられた概念を元に、3 タイプのグリッド「トラック」「ライン」「テンプレート」を構築します。作業を通して、CSS グリッドの基本的な使い方や主要機能も確認していきます。

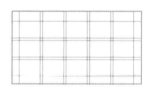

Chapter 4　CSSグリッドのロジック

グリッドの行列の生成、アイテムの配置、トラックサイズの確定といった処理がどのように行われるのか、position やアニメーションを併用するとどうなるのかなど、CSS グリッドのロジックを掘り下げます。処理を理解する上で必要になる「CSS におけるサイズの基本」についてもまとめていますので、参考にしてください。

Chapter 5　グリッドレイアウト実践

CSS グリッドを活用して、実践的に各種レイアウトを構築します。メニューやカードといった細かな
UI パーツから構築し、それらを組み合わせて次のようなレイアウトを形にしていきます。

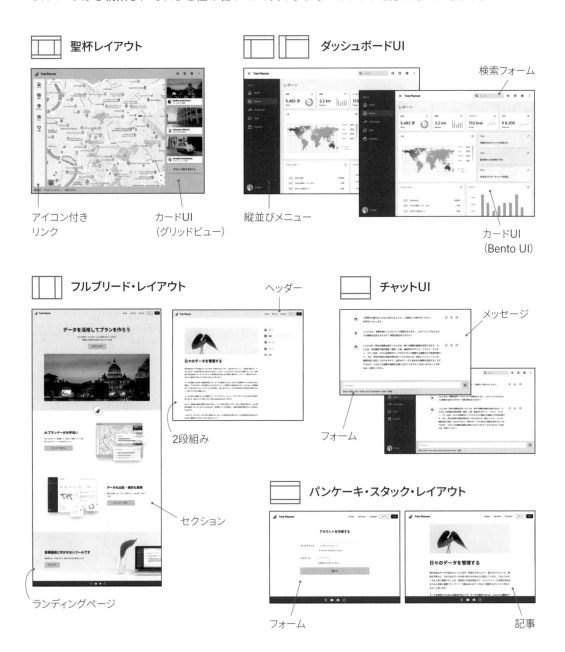

聖杯レイアウト

アイコン付き
リンク

カードUI
（グリッドビュー）

ダッシュボードUI

検索フォーム

縦並びメニュー

カードUI
（Bento UI）

フルブリード・レイアウト

ヘッダー

2段組み

セクション

ランディングページ

チャットUI

メッセージ

フォーム

パンケーキ・スタック・レイアウト

フォーム

記事

サンプルの構築について

Chapter 3 以降のサンプルの構築には P.108 のセットを使用し、CSS グリッドを使ったレイアウトに集中して作業できるようにしてあります。コードは次のような形で掲載しています。
Chapter 5 では P.314 のようなモダン CSS も活用します。

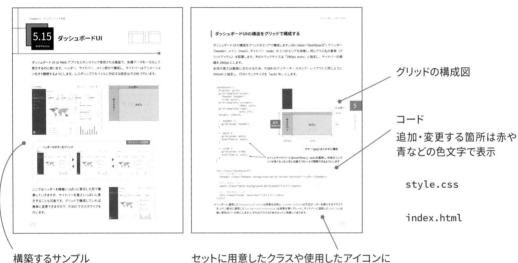

グリッドの構成図

コード
追加・変更する箇所は赤や
青などの色文字で表示

style.css

index.html

構築するサンプル

セットに用意したクラスや使用したアイコンに
関する情報はコードの下に記載

ダウンロードデータ

本書で構築するサンプルの完成データ、CSS グリッドのチートシート、P.108 のセットについての
PDF などはダウンロードデータに収録してあります。詳しい収録内容についてはダウンロードデー
タ内の README を参照してください。

サポートサイト
https://book.mynavi.jp/supportsite/detail/9784839984960.html

GitHub
https://github.com/ebisucom/grid-layout/

Contents

もくじ

■ … Tips
■ … よくあるトラブル

Chapter 1
Web 標準のレイアウトシステム（フローレイアウト）.............. 17

Chapter 2
CSS グリッドの誕生とその特徴 53

Chapter 3

Chapter 4
CSS グリッドのロジック.................................141

Chapter 5

グリッドレイアウト実践 217

Web標準の
レイアウトシステム
（フローレイアウト）

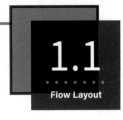

Web標準のレイアウトシステム —— フローレイアウトの生い立ちと基本

「フローレイアウト（Flow Layout）」はWebの標準のレイアウトシステムで、「通常フロー（Normal Flow）」や「テキストフロー（Text Flow）」とも呼ばれます。HTMLでマークアップしたコンテンツ（テキストや画像などの要素）は、このレイアウトシステムに従って左から右へ、上から下へと並べられて配置が決まり、レイアウトが構築されます。

ここでは、フローレイアウトの生い立ちと基本を見ていきます。

左から右へ

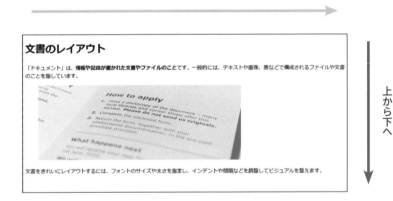

Webが誕生したときからWebの表示はフローレイアウト

Tim Berners-Lee によって 1989 年に World Wide Web が発明され、1990 年に最初のブラウザと Web サイトが作られたときから、Web ページはフローレイアウトで表示されていました。Web やそのコンテンツをマークアップする HTML はドキュメントデータ（文書データ）を表現し、共有するために作られたもので、フローレイアウトは**「ドキュメントデータを流し込んで表示するのに最適なレイアウト方式」**でした。

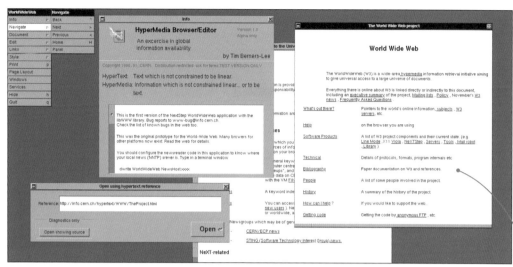

Tim Berners-Leeが作成した最初のブラウザ WorldWideWeb（後にNexusブラウザと改名）を復元したもの。
WYSIWYGエディタの機能も備えており、NeXT Computer（当時はグレースケール）で動作しました。
インライン画像には対応していませんでした。

CERN 2019 WorldWideWeb Rebuild より
https://worldwideweb.cern.ch/

左から右へ

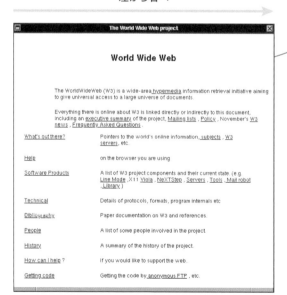

上から下へ

最初に作成されたWebサイトを復元したもの

http://info.cern.ch - home of the first website より
http://info.cern.ch/

HTML 1.0（最初の HTML の草案）や HTML 2.0（最初の HTML の標準規格）には次のように書かれており、コンテンツをテキストフローに従って表示することが示唆されています。

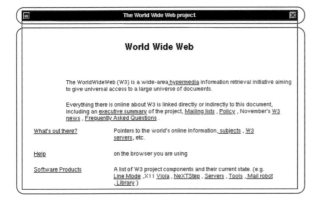

TITLE要素（ページタイトル）

BODY要素の中身＝テキストフロー

> **❝** <TITLE> 要素は**テキストの流れ（flow of text）**の一部とは見なされません。たとえば、ページのヘッダーやウィンドウのタイトルとして表示されるべきです。

HTML 1.0（1993年）
`https://datatracker.ietf.org/doc/html/draft-ietf-iiir-html-00`

> **❝** <BODY> 要素には、見出し、段落、リストなど、**ドキュメントのテキストの流れ（text flow of the document）** が含まれています。

HTML 2.0（1995年）
`https://datatracker.ietf.org/doc/html/rfc1866`

要素ごとにスタイルを設定

フローレイアウトで流し込まれるコンテンツは、HTML でマークアップされた要素ごとにスタイルが設定されています。最初のブラウザでも、Style Editor パネルにインデントやフォントサイズなどの設定が用意され、<h1> や <p> などの**要素ごとにスタイルを指定できる**ことがわかります。

そして、要素ごとのスタイルがフローレイアウトに影響します。

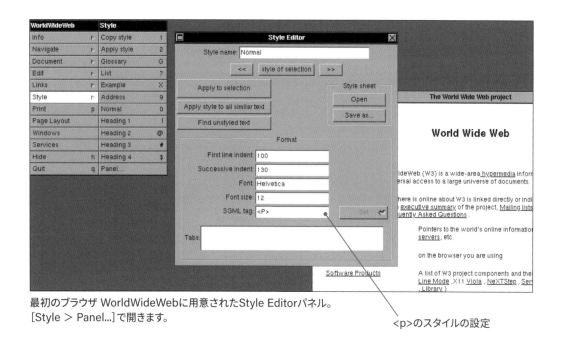

最初のブラウザ WorldWideWebに用意されたStyle Editorパネル。
[Style > Panel...]で開きます。

<p>のスタイルの設定

 ドキュメント構造とレイアウトの分離

「ビジュアルを担う CSS は HTML よりもあとから登場し、それまでは HTML でビジュアルもコントロールしていた」というのが一般的な認識です。しかし、Tim Berners-Lee が作った最初のブラウザでは、簡単なスタイルシートでスタイルの指定ができるようになっていました。現在では当たり前になった HTML と CSS による「ドキュメント構造とレイアウトの分離」という目標は最初から存在していたのです。

要素の相互関係で配置が決まる

フローレイアウトでは、ページ内のすべての要素が互いについて知っており、それらの**組み合わせや相互関係によって個々の配置が決まり、レイアウトが構築される**のが大きな特徴です。

最初のブラウザでもこの特徴は確認できます。1 行目の要素のスタイルを「Heading 1」から「Heading 2」に変えてみると、フォントサイズや配置が変わるのに合わせて、後続の要素の配置も上へシフトすることがわかります。

1 行目の「World Wide Web」をHeading 1に指定

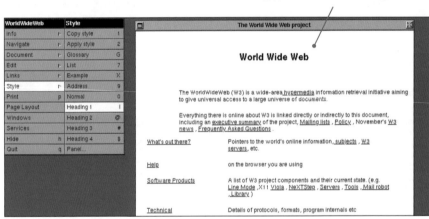

Heading 2に変更

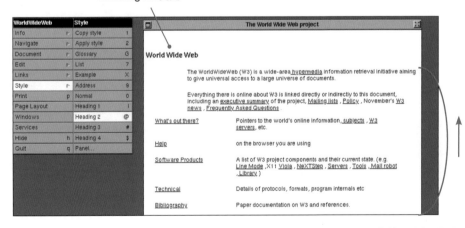

後続の要素の配置が上へシフト

初期状態の要素の設定はブラウザのCSSで決まる

最初のブラウザに搭載されていたスタイルシートですが、Tim Berners-Lee はこの機能を公開しませんでした。「ページをどのように表示するかはブラウザが決めるべきこと」と考えていたためです。

その結果、CSS が HTML より遅れて登場することになるわけですが、ブラウザは内部的に「ブラウザの CSS」を持つことになります。この CSS は User Agent Stylesheet（UA スタイルシート）と呼ばれ、各要素のスタイルを設定し、Web の初期状態のレイアウトを構築します。

主要ブラウザの UA スタイルシートは次のように用意されています。

■ 主要ブラウザのUAスタイルシート

Chromium（Chrome / Edge）
```
https://chromium.googlesource.com/chromium/blink/+/master/Source/core/css/html.css
```

Firefox
```
https://dxr.mozilla.org/mozilla-central/source/layout/style/res/html.css
```

WebKit（Safari）
```
https://trac.webkit.org/browser/trunk/Source/WebCore/css/html.css
```

 UAスタイルシートの指針

UA スタイルシートの指針となるものは、1998 年にリリースされた CSS2 の勧告に「A sample style sheet for HTML 4.0（CSS 2.1 以降は Default style sheet for HTML 4）」として掲載されています。

Cascading Style Sheets, level 2
Appendix A. A sample style sheet for HTML 4.0
```
https://www.w3.org/TR/1998/REC-CSS2-19980512/sample.html
```

たとえば、UA スタイルシートがない場合、HTML でマークアップしただけのドキュメントは次のようなレイアウトになります。左から右へ、上から下へと表示されるフローレイアウトには違いありませんが、フォントサイズの区別も余白の挿入もなく、ただ連続して流し込まれた状態です。

UA スタイルシートがある場合、各要素にはブラウザの用意した CSS が適用されます。これにより、要素に応じてフォントのサイズや太さが変わり、上下の余白（マージン）で間隔が調整され、ドキュメントとしての体裁が整います。

特に、display プロパティで指定されるディスプレイタイプ（要素の種類）はフローレイアウトで大きな役割を担っており、「inline（インライン要素）」ならばテキストと同等の扱いで左から右へ、「block（ブロック要素）」ならば上から下へと並べられます。

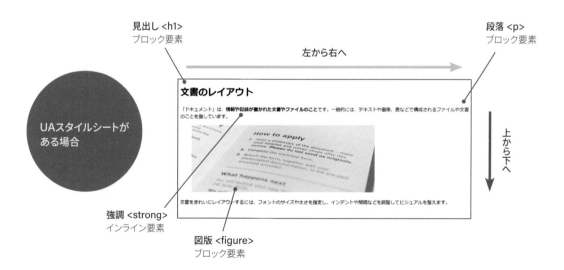

```html
<!DOCTYPE html>
<html lang="ja">
  <head>
    <meta charset="UTF-8" />
    <meta name="viewport" content="width=device-width, initial-scale=1.0" />
    <title>Document</title>
  </head>
  <body>
    <div>
      <h1> 文書のレイアウト </h1>

      <p>「ドキュメント」は、<strong> 情報や記録が書かれた文書やファイルのこと </strong> です。一般的
      には、テキストや画像、表などで構成されるファイルや文書のことを指しています。</p>

      <figure><img src="document.jpg" alt="" width="640" height="228" /></figure>

      <p> 文書をきれいにレイアウトするには、フォントのサイズや太さを指定し、インデントや間隔などを調整し
      てビジュアルを整えます。</p>
    </div>
  </body>
</html>
```

HTML

```css
html {
    display: block
}

head {
    display: none
}

body {
    display: block;
    margin: 8px
}

h1 {
    display: block;
    font-size: 2em;
    margin-block-start: 0.67em;
    margin-block-end: 0.67em;
    margin-inline-start: 0px;
    margin-inline-end: 0px;
    font-weight: bold;
}
```

```css
p {
    display: block;
    margin-block-start: 1em;
    margin-block-end: 1em;
    margin-inline-start: 0px;
    margin-inline-end: 0px;
}

figure {
    display: block;
    margin-block-start: 1em;
    margin-block-end: 1em;
    margin-inline-start: 40px;
    margin-inline-end: 40px;
}

strong {
    font-weight: bold;
}

…略…
```

> displayが未指定な場合、初期値の「inline（インライン要素）」で処理されます。

ChromeブラウザのCSS（UAスタイルシート）に含まれる主なスタイルで上記のHTMLに影響するもの

フローレイアウトのルール

各要素のスタイルの設定と相互関係に応じて、実際にどのように処理され、配置が決まっていくのかは、1998 年にリリースされた CSS2 で規定されました。このルールは「視覚整形モデル（Visual Formatting Model）」と呼ばれ、現在でもさまざまな仕様から参照されています。

Cascading Style Sheets, level 2
Visual formatting model details
```
https://www.w3.org/TR/1998/REC-
CSS2-19980512/visudet.html
```

視覚整形モデルでは、条件に応じて適用される処理が細かく規定されており、主なものだけでも右ページのようにたくさんのルールがあります。レイアウトを調整する際には、これらを考慮した上で CSS を用意します。

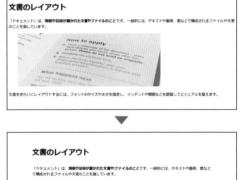

```css
div {
  width: 800px;
  margin-inline: auto;
}

h1 {
  margin-block: 64px 32px;
}

figure {
  margin: 32px 0;
  text-align: center;
}

img {
  max-width: 100%;
  height: auto;
}
```

各要素のマージンなどをカスタマイズして
レイアウトを調整

■ フローレイアウトの主なルール（視覚整形モデル）

ブロックレベル要素の場合（display: block や table が適用された要素）

- 隣り合う要素の上下マージンは相殺（結合、重ね合わせ）される
- 親と子孫の要素の間にパディングなどが入らない場合、上下マージンは相殺される
- 要素の中身が空でパディングなどが入らない場合、自身の上下マージンは相殺される
- 横幅が auto の場合、コンテナブロック（親）の幅に合わせてサイズが決まる
- 高さが auto の場合、中身に合わせてサイズが決まる
- 左右マージンが auto でコンテナブロック内に余剰スペースがある場合、中央に配置される
  （余剰スペース分のサイズが auto に割り振られる）
- 上下マージンが auto の場合、0 で処理される

など

インラインレベル要素の場合（display: inline や inline-blockが適用された要素）

- display が「inline」の場合、横幅と高さの指定は適用されない
- display が「inline-block」の場合、横幅と高さの指定が適用される
- 隣り合う要素の間にはそれぞれの左右マージン、ボーダー、パディングが入る
- 左右マージンが auto の場合、0 で処理される
- 上下マージンは相殺されない
- 1 行の高さはテキストや各要素の line-height や height で決まる
- display が「inline-block」の場合、上下マージン、ボーダー、パディングが 1 行の高さに影響する

など

浮動要素（float: left または right が適用された要素）の場合

- 通常フローに従って垂直方向の配置が決まる
- 水平方向はコンテナブロックの左右に揃えた配置になる
- フロー外の要素として扱われるが、後続のテキストやインラインレベル要素は回り込む

など

絶対位置指定された要素（position: absolute または fixed が適用された要素）の場合

- フロー外の要素として、通常フローから独立して扱われる
- position が「static」以外の直近のコンテナブロックが位置指定の基準（包含ブロック）となる
- 横幅や高さが auto の場合、中身に合わせたサイズとなる

など

1

Flow Layout

フローレイアウトのルールには、条件を把握して個別に理解しないといけない、特殊に感じるルールがたくさんあります。たとえば、先程の要素の間隔や位置揃えの調整だけでも、次のようなルールを考慮しています。

■ 隣接要素の上下マージンが相殺される

隣接するブロックレベル要素の上下マージンは相殺されることを考慮して、<h1> と <figure> の上下マージンで間隔を調整しています。<p> の上下マージンは UA スタイルシートのまま残していますが、相殺により表示には反映されません。

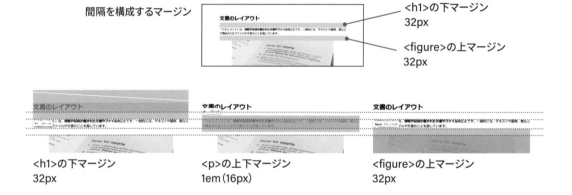

間隔を構成するマージン

<h1>の下マージン
32px

<figure>の上マージン
32px

<h1>の下マージン
32px

<p>の上下マージン
1em（16px）

<figure>の上マージン
32px

■ 子要素のマージンが親要素の中に収まらない

見出し <h1> に入れた上マージンは、親要素 <div> の中に収まるように思えます。しかし、実際には親要素 <div> の外側に飛び出した構造になります。これも、フローレイアウトにおける上下マージンの相殺の処理の結果です。

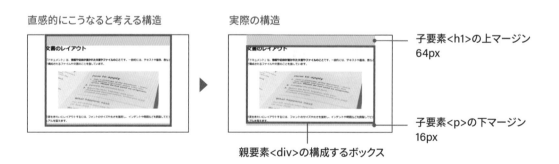

直感的にこうなると考える構造

実際の構造

子要素<h1>の上マージン
64px

子要素<p>の下マージン
16px

親要素<div>の構成するボックス

| 親要素<div>の上下マージン
なし | 子要素<h1>の上マージン
64px | 子要素<p>の下マージン
1em（16px） |

■ 左右のautoマージンの扱いが要素の種類で変わる

全体をグループ化した <div> はブロックレベル要素なため、左右に auto マージンを入れると余剰スペースが割り振られ、中央に配置されます。

一方、画像 <img> はインラインレベル要素と同等の扱いになるため、左右に auto マージンを入れても 0 で処理され、中央に配置できません。そのため、<img> の親要素 <figure> の text-align で中央に配置しています。

```
div {
  width: 800px;
  margin-inline: auto;
}
```

<div>を中央に配置

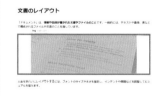

```
figure {
  text-align: center;
}
```

<figure>内の画像<img>を中央に配置

このように、フローレイアウトでは要素の種類や設定、階層構造などに応じて適用されるルールが変わってくるため、注意が必要です。

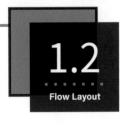

1.2
Flow Layout

フローレイアウトで
レイアウトを制御するのは難しい

フローレイアウトでレイアウトを自由に制御するためには、「フローレイアウトのルール」を理解したうえで、「すべての要素のスタイルを把握すること」と「要素の相互関係でレイアウトを組むこと」の 2 点が求められることがわかります。つまり、「各要素の設定と相互関係」を考慮する必要があり、これらがフローレイアウトでのレイアウトの制御を難しくしています。

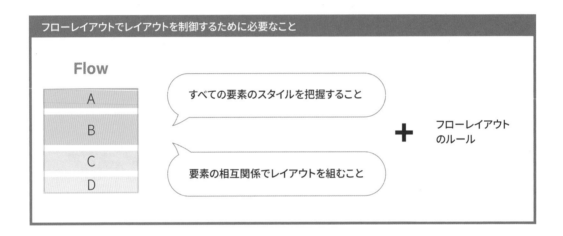

たとえば、D の配置は A ～ C との相互関係とこれらのスタイルの設定に応じて決まります。配置をコントロールするためにはこれらを把握し、フローレイアウトのルールでどのように処理されるかを考慮して、調整していかなければなりません。

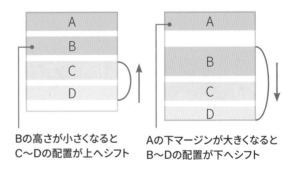

Bの高さが小さくなると
C～Dの配置が上へシフト

Aの下マージンが大きくなると
B～Dの配置が下へシフト

など

さらに、A 〜 D の間に新しい要素が追加される可能性がある場合、追加される要素の設定と、挿入箇所の前後にある要素の設定もすべて把握しておく必要があります。これらの設定しだいで、レイアウト崩れなどの予期せぬトラブルの可能性が出てくるからです。

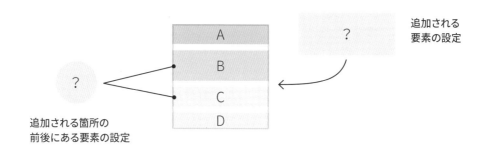

追加される
要素の設定

追加される箇所の
前後にある要素の設定

フローレイアウトの限界

トラブルを防ぐためには、追加される可能性がある要素をすべて想定し、必要な CSS もすべて用意しておくといった対処が求められます。
たとえば、P.25 のドキュメントにテーブルとボタンを追加すると、これらの間には余白が入らないことがわかります。ブラウザの UA スタイルシートでは、テーブルとボタンにはマージンが挿入されないためです。

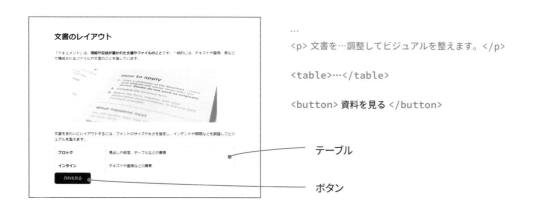

…

`<p>` 文書を…調整してビジュアルを整えます。`</p>`

`<table>`…`</table>`

`<button>` 資料を見る `</button>`

テーブル

ボタン

レイアウトの体裁を保つためには、テーブルやボタンが追加されることを想定し、あらかじめ必要な設定を用意しておくことが求められます。

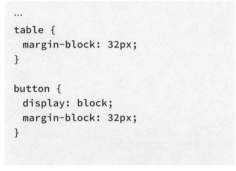

```
...
table {
  margin-block: 32px;
}

button {
  display: block;
  margin-block: 32px;
}
```

テーブルとボタンのマージンの設定を用意

※ボタンはUAスタイルシートによってインラインブロック要素となるため、ここではブロック要素に変換し、マージンが他のブロック要素と同じルールで処理されるようにしています。

あらかじめ用意した設定によってテーブルとボタンの間に余白が入り、間隔が確保されます

このような形で対処する必要があるのも、フローレイアウトが「各要素の設定と相互関係」でレイアウトを組んでいく、ドキュメントをレイアウトするために用意されたレイアウトシステムだからです。ドキュメントでは追加される可能性がある要素も限られますし、各要素が上下に最低限確保したいスペース（上下マージン）などの設定を持っておくのも理に適ったことだからです。

逆に、フローレイアウトはドキュメント以外の高度で複雑なレイアウトには適しておらず、レイアウトの制御は難しくなります。

ドキュメントのレイアウト

高度で複雑なレイアウト

特に、現状の Web では追加される可能性のある要素をすべて想定するのは不可能です。Web
アプリ開発のように、外部から持ってきたコンポーネントなど（開発者の管理下にない未知なも
の）を組み合わせてレイアウトを構築していく環境では、あらかじめ必要な設定を想定し、用意
しておくのは困難だからです。

**現状の Web 制作・Web 開発で求められてることを実現するには、フローレイアウトでは限界
がきている**と言えるでしょう。

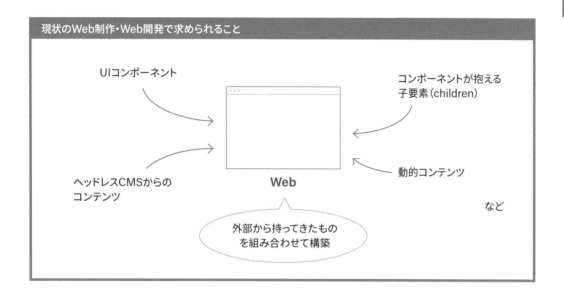

なお、フローレイアウトで複雑なレイアウトを組むために「ハック」や「フレックスボックス
（Flexbox）」を使ったレイアウトが生み出されますが、フローレイアウトの限界は解消されませ
ん。これらはフローレイアウトをベースとし、「各要素の設定と相互関係」でレイアウトを組んで
いくものだからです。

フローレイアウトの限界を解消するためには、「CSS グリッドレイアウト（CSS Grid）」の登場を
待つことになります。

●　　●　　●

ハック、フレックスボックス（Flexbox）、CSS グリッド（CSS Grid）を使ったレイアウトについては、
ここから詳しく見ていきます。

1.3
Flow Layout

ハックを使ったレイアウトの登場

フローレイアウトにはドキュメント以外の、複雑なレイアウトを組むのに適した機能は用意されていませんでした。そのため、ハックを使ったレイアウトのテクニックが生み出されます。ここでの「ハック」は、レイアウトのためにブラウザのバグや特定の内部処理を利用したり、CSS の機能を本来の目的とは異なる形で利用することを指しています。

特に、フローレイアウトではブロックレベル要素が縦に並びますが、複雑なレイアウトを実現するためにはこれらを横に並べなければなりません。そのために生み出されたのが、float（フロート）、table（テーブル）、inline-block（インラインブロック）を本来の目的とは異なる形で利用したハックです。

ただし、ハックを使用しても並び順の調整は難しく、高さを揃えたり、縦方向の位置揃えを調整したりするのも困難でした。フローレイアウトをベースとしているため、各要素の配置や間隔もマージンで調整することになります。

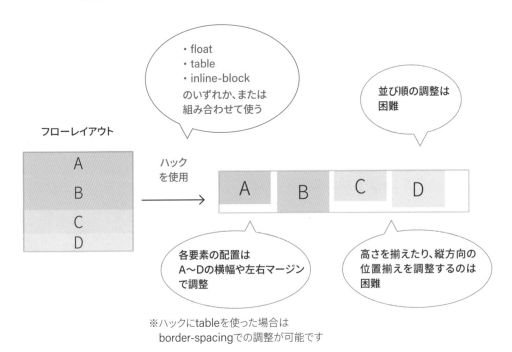

たとえば、画像、テキスト、ボタンを横並びにするだけでも、次のような設定が必要になります。ここでは float（フロート）によるハックを使用し、画像とテキストを左寄せに、ボタンを右寄せにして横並びのレイアウトを実現しています。間隔や縦方向の配置は各要素のマージンで調整していますが、マージンのサイズは決め打ちで、どこかを変更したらすべてを修正してバランスを整えなければなりません。

さらに、そのままでは float の影響で親要素 <div> の高さが 0 になり、レイアウトが崩れる原因になります。それを防ぐため、<div> にはクリアフィックス（clearfix）と呼ばれる設定を適用しています。こうしたテクニックが必要になるのも、ハックを使ったレイアウトの特徴です。

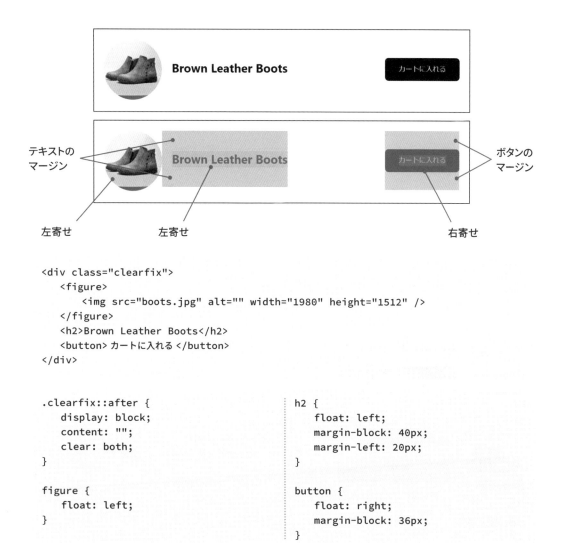

```html
<div class="clearfix">
    <figure>
        <img src="boots.jpg" alt="" width="1980" height="1512" />
    </figure>
    <h2>Brown Leather Boots</h2>
    <button> カートに入れる </button>
</div>
```

```css
.clearfix::after {
    display: block;
    content: "";
    clear: both;
}

figure {
    float: left;
}
```

```css
h2 {
    float: left;
    margin-block: 40px;
    margin-left: 20px;
}

button {
    float: right;
    margin-block: 36px;
}
```

レスポンシブで要素を複数行に並べたレイアウトにしようとすると、設定はより複雑になっていきます。float や inline-block を使ったハックでは、フローレイアウトの「親の横幅に収まらない要素は次の行に折り返される」という機能を利用します。この機能は「カラム落ち」とも呼ばれ、目的の箇所で折り返すためには、親の横幅に対して各要素の横幅やマージンを計算し、最適なサイズにしてコントロールしなければなりません。

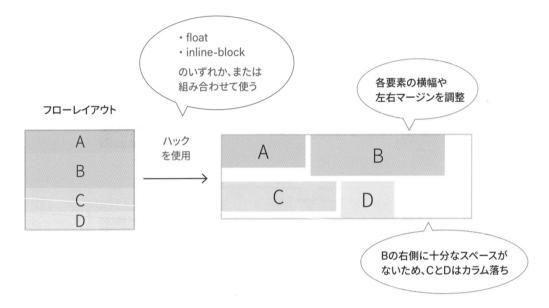

さきほどのサンプルをレスポンシブで次のようなレイアウトにする場合、次のようにします。ここではボタンの横幅を調整してカラム落ちさせています。

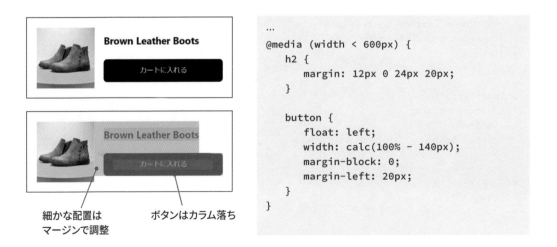

```
...
@media (width < 600px) {
    h2 {
        margin: 12px 0 24px 20px;
    }

    button {
        float: left;
        width: calc(100% - 140px);
        margin-block: 0;
        margin-left: 20px;
    }
}
```

親要素の横幅の変化やそれに合わせた各要素の横幅の調整を誤ると、意図しない箇所でカラム落ちが発生し、簡単にレイアウトが崩れてしまいます。

意図しない箇所でのカラム落ちによってレイアウトが崩れた例

なお、table（テーブル）を使ったハックであれば、カラム落ちを使わずに要素を複数行に並べることが可能です。ただし、HTMLの構造が複雑で、レスポンシブでレイアウトを変えるためにはHTMLのマークアップを変える必要が出てきます。

スマートフォンの普及でレスポンシブが欠かせなくなるにつれて、ハックの主流はfloatになっていきました。

tableで横並びにしたもの

```
<table>
  <tr>
    <td> 画像 </td>
    <td> テキスト </td>
    <td> ボタン </td>
  </tr>
</table>
```

tableで複数行の並びにしたもの

```
<table>
  <tr>
    <td rowspan="2"> 画像 </td>
    <td> テキスト </td>
  </tr>
  <tr>
    <td> ボタン </td>
  </tr>
</table>
```

HTMLの
マークアップを変更

こうして、Web 制作・開発の現場ではフローレイアウトに加えて、ハックを使ったレイアウトを使いこなすことも求められるようになり、レイアウトの制御はますます難しいものになっていきます。

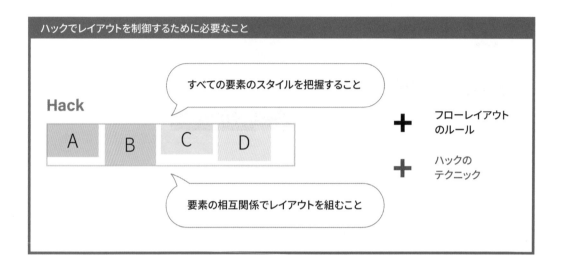

こうした状況をどうにかしようとして登場することになるのが、「フレックスボックス（Flexbox）」と「CSS グリッド（CSS Grid)」です。次の章では、これらが登場することになった流れや、その流れに基づいて取り込まれることになった機能や特徴を見ていきます。

フローレイアウトを制御しやすくするために生まれたもの（1）── リセットCSS

フローレイアウトを複雑にしているものの1つに、ブラウザの CSS（UA スタイルシート）があります。P.24 のようにドキュメントの体裁を最低限整えるために用意されたものですが、Web の制作者や開発者は、どの要素にどのような UA スタイルシートが適用され、どのように表示に影響しているかを把握しなければなりません。UA スタイルシートが原因で思わぬレイアウト崩れが発生することも多々あります。

そのため、2004 年ごろから「リセット CSS」と呼ばれるライブラリが登場するようになります。これらは、UA スタイルシートで設定された要素の上下マージンやリンクの下線を削除したり、フォントサイズを均一化するなどして、UA スタイルシートを気にせずにスタイリングできる環境を整えてくれました。

2004年に登場したリセットCSSの「undohtml.css」を適用したときの表示。2004年の時点で存在していなかった<figure>のマージンは削除されません。

```
:link,:visited
{ text-decoration:none }

ul,ol { list-style:none }

h1,h2,h3,h4,h5,h6,pre,code
{ font-size:1em; }

ul,ol,li,h1,h2,h3,h4,h5,h6,pre,form,
body,html,p,blockquote,fieldset,input
{ padding:0; margin:0 }
…
```

undohtml.css
http://tantek.com/log/2004/09.html#d06t2354

当時はブラウザ間の表示の違いも大きかったため、リセット CSS の中にはマージンなどを完全に削除せず、表示を揃えることに重きを置いた「ノーマライズ CSS」と呼ばれるものも出てきます。また、特定のライブラリを使用しない場合でも、自前でリセット CSS に相当する設定を用意してスタイリングするのが主流になっていきました。

なお、現在でもさまざまなリセット CSS がリリースされ、幅広く利用されていますが、あくまでも UA スタイルシートを削除・整形してくれるだけです。フローレイアウトでレイアウトを制御するために必要なこと（P.30）がなくなるわけではありませんので、注意が必要です。

フローレイアウトを制御しやすくするために生まれたもの（2）── CSSフレームワーク

フローレイアウトでドキュメント以外のレイアウトを実現しようとすると、P.34 のようにハックを使うしかありません。そのため、2006 年ごろから CSS フレームワークが登場し、面倒なハック部分の設定をまかせ、レイアウトを効率よく制御しようとする動きが出てきます。

こうした CSS フレームワークはグリッドシステムを持っており、12 カラムや 16 カラムに合わせて要素の配置をコントロールできるようになっていました。固定レイアウトで、グリッドシステムは float を使った擬似的なものでしたが、画期的なことでした。

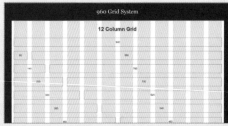
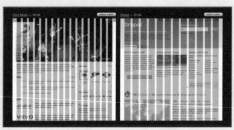

2009年にリリースされた960 Grid System（横幅が960ピクセルの固定レイアウト）
`https://960.gs/`

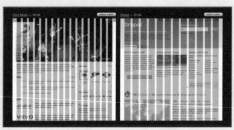

2011 年には Bootstrap が登場します。他の CSS フレームワークと同じように float を使ったグリッドシステムを持っており、2012 年リリースの Bootstrap 2 ではレスポンシブにも対応しました。

その後も CSS フレームワークは進化を続け、さまざまな用途・目的に合わせたものが出てきています。近年ではグリッドシステムもネイティブな CSS グリッドで構築されるようになり、擬似的なものではなくなってきています。

2011年にリリースされたBootstrap 1.0.0
`https://bootstrapdocs.com/v1.0.0/docs/`

フローレイアウトを制御しやすくするために生まれたもの（3）——フクロウセレクタ

フローレイアウトでは、外部から持ってきた未知なものを組み合わせてレイアウトを構築するのに限界があります。この限界を解消する 1 つの方法として生み出されたのが、「フクロウセレクタ（owl selector）」と呼ばれるセレクタです。

　★　＋　★

フクロウセレクタの考え方は、フロントエンドデベロッパーの Heydon Pickering によって 2014 年ごろに提唱されました。

ただ、当時は BEM などによる CSS 設計（命名規則）が全盛で、要素ごとのクラスに対して指示的にスタイルを指定し、カスケードや詳細度を極力排除することがよしとされていました。そのため、広範囲をターゲットにするユニバーサルセレクタ「*」を使うフクロウセレクタは否定的に受け取られたようです。

> その不敬な名前と不確かな形状にもかかわらず、空虚な瞳のフクロウセレクタは私にとって単なる思考実験ではありません。これは、フロー・コンテンツのレイアウトを自動化するための実験の結果です。フクロウセレクタは非常に広範囲なものを対象にする「公理的（axiomatic）」なセレクタです。そのため、多くの人々は使うのをためらい、プロダクションコードに含めるのを恐れる人もいるでしょう。私が目指しているのは、このセレクタが冗長さを減らし、開発を高速化し、動的コンテンツのスタイリングを自動化するのに役立つと示すことです。

Axiomatic CSS and Lobotomized Owls (2014)
by Heydon Pickering
`https://alistapart.com/article/axiomatic-css-and-lobotomized-owls/`

フクロウセレクタが注目されたきっかけの 1 つは、Heydon Pickering と Andy Bell によって 2019 年に執筆された「Every Layout」の Stack（スタック）コンポーネントで使用されたことでした。コンポーネント内の要素の間隔を制御するためのもので、未知の要素が入ってきても機能します。

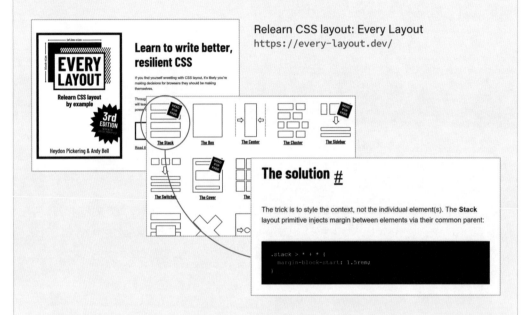

React などが普及し、Web の構成要素をコンポーネントとして管理する手法が広まるにつれて、「あらかじめ組み合わせる要素と必要な設定を想定し、要素ごとに指示的にスタイルを指定していく」というフローレイアウト特有の手法に限界を感じる開発者が増えてきたことも大きかったと言えます。

そんなフクロウセレクタの機能とその威力を知るためには、フクロウセレクタが生まれた背景を知るのが近道です。

■ フクロウセレクタ登場以前

フローレイアウトでは要素ごとにスタイルを設定するのが基本です。間隔を調整するマージンも、ブラウザの UA スタイルシートにならって各要素の上下に入れると次のようになります。

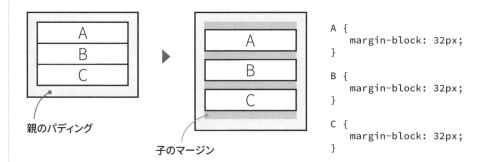

```
A {
    margin-block: 32px;
}

B {
    margin-block: 32px;
}

C {
    margin-block: 32px;
}
```

親のパディング

子のマージン

ただし、この方法では上下マージンの相殺の処理を考慮しなければなりません。さらに、デザイン的に A の上マージンと C の下マージンは不要なケースが多々あります。フローレイアウトが上から下へと並んでいくものだったこともあり、各要素の下マージンだけが設定されるようになっていきます。

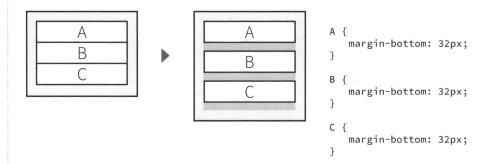

```
A {
    margin-bottom: 32px;
}

B {
    margin-bottom: 32px;
}

C {
    margin-bottom: 32px;
}
```

しかし、これだけでは C の下マージンが残っています。ここで C の下マージンを消したとしても、C のあとに D を追加すれば C の下マージンは再び必要になります。

そのため、最後の要素の下マージンを削除するのに :last-child が使われるようになります。

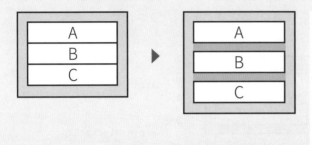

```
A {
    margin-bottom: 32px;
}

B {
    margin-bottom: 32px;
}

C {
    margin-bottom: 32px;
}

*:last-child {
    margin: 0;
}
```

ただ、「*:last-child」ではすべての最後の要素がターゲットになるのに加えて、クラスと同等の高い詳細度になってしまいます。ネスト構造になっているリスト要素（<ul><li>）では、最後の要素のマージンが削除されると困るケースが出てくることも考えられます。

これを回避するため、Chris Coyier によって提案されたのが、次のコードです。

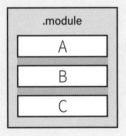

```
.module > *:last-child,
.module > *:last-child > *:last-child,
.module > *:last-child > *:last-child > *:last-child {
  margin: 0;
}
```

Spacing The Bottom of Modules | CSS-Tricks
by Chris Coyier
https://css-tricks.com/spacing-the-bottom-of-modules/

このコードは特定のモジュール（.module）内の最後の要素に限定してマージンを削除するものです。最後の要素（ここでは C）がネスト構造になったときのことも考慮されています。ただし、ネスト構造は 3 階層分にしか対応しません。

■ フクロウセレクタの登場

フクロウセレクタはこうしたコードの冗長さを一蹴します。 * + * は他の要素に隣接する要素が
ターゲットとなるため、ここでは B と C が適用先になります。これで上マージンを適用すれば、
要素の間にだけマージンを挿入でき、最後の要素に下マージンが入るのを防ぐこともできると
いうわけです。要素ごとにスタイルを設定する必要はなく、A、B、C が別の要素に変わっても
問題ありません。

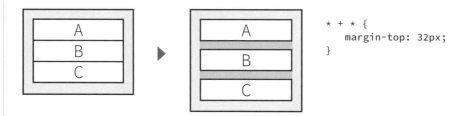

```
* + * {
    margin-top: 32px;
}
```

ネスト構造にも対応します。

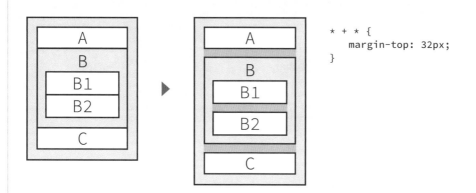

```
* + * {
    margin-top: 32px;
}
```

詳細度も低いので、必要な場合は要素ごとの設定で簡単に上書きできます。「*」は詳細度に
カウントされない（0 になる）ためです。

たとえば、P.26 のサンプルで各要素の間隔をフクロウセレクタで設定すると次のようになります。ここではリセット CSS で全要素のマージンを削除してから、フクロウセレクタで間隔を 32 ピクセルにしています。

```
* {
    margin: 0;
}

* + * {
    margin-top: 32px;
}
```

要素の間にだけマージンが挿入され、間隔が調整されています。親要素の <div> から飛び出すマージンも発生しないことがわかります。

親要素<div>　　　　見出し<h1>　　　　段落<p>　　　　画像<figure>　　　　段落<p>

さらに、P.31 のように未知の要素（ここではテーブルとボタン）を追加しても、フクロウセレクタによってマージンが挿入され、間隔が確保されます。

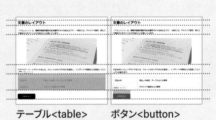

テーブル<table>　　　ボタン<button>

フクロウセレクタの設定を簡単に上書きできることも確認しておきます。たとえば、画像 <figure> の上下の間隔だけを大きくしたい場合、次のように指定します。ここではフクロウセレクタの仕組みに従って、<figure> の上マージンと、<figure> に隣接する要素の上マージンを 64 ピクセルにしています。

```
* {
    margin: 0;
}

* + * {
    margin-top: 32px;
}

figure,
figure + * {
    margin-top: 64px;
}
```

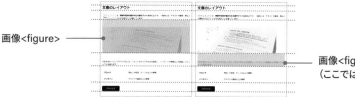

画像<figure>

画像<figure>に隣接する要素
（ここでは段落<p>）

なお、柔軟に上書きができるといっても、Heydon Pickering は次のように述べていますので注意が必要です。

" もし、フクロウセレクタの設定を頻繁にオーバーライドする必要がある場合、デザイン自体に深刻な問題があるかもしれません。

Axiomatic CSS and Lobotomized Owls (2014)
by Heydon Pickering
https://alistapart.com/article/axiomatic-css-and-lobotomized-owls/

■ Tailwind CSSやWordPressのブロックエディターで活用されるフクロウセレクタ

フクロウセレクタは組み合わせる要素を問わない、コンポーネントと非常に相性のよい設定です。そのため、Tailwind CSS や WordPress のブロックエディターなどでは、フクロウセレクタをベースにした設定が活用されています。

たとえば、Tailwind CSS では間隔を調整するクラスが「.space-〜」として用意されています。次のように <div> のクラスを「space-y-8」と指定すると、<div> 内の要素（見出しや段落など）の間隔が上マージンによって 2rem（32 ピクセル）になります。

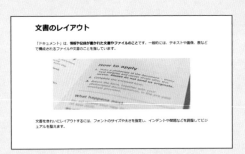

```
<div className="space-y-8">
    <h1> 文書のレイアウト </h1>
    <p>…</p>
    <figure>…</figure>
    <p>…</p>
</div>
```

適用されるスタイルは次のようになっています。フクロウセレクタの仕組みをベースに、hidden 属性を持つ要素以外がターゲットとなるように設定されています。hidden 属性を持つ要素は画面に表示されなくなりますが、そのままではセレクタの処理対象となるためです。

```
.space-y-8 > :not([hidden]) ~ :not([hidden]) {
    margin-top: 2rem
}
```

隣接兄弟結合子「+」が使用されていないのは、「+」では隣接する要素が hidden 属性を持っていたときに設定が適用されなくなるためです。そのため、後続兄弟結合子「~」が使用され、その要素に続くすべての同一階層の要素（hidden 属性を持つもの以外）が適用対象になっています。

WordPress のブロックエディターでは、レイアウトの機能を持つブロック（コンポーネントに相当するもの）にフクロウセレクタの仕組みで間隔をコントロールする機能が搭載されています。これにより、次のようにブロックの中身（見出しや段落などを構成するブロック）の間隔を指定できます。

ブロックエディターで
ブロックの間隔を指定

ブロックエディターが生成する HTML と CSS は次のようになっており、どのようなブロックを組み合わせても機能するように設計されています。

```
<div class="wp-block-group is-layout-constrained … wp-container-1">
    <h1> 文書のレイアウト </h1>
    <p>…</p>
    <figure>…</figure>
    <p>…</p>
</div>
```

```
.wp-container-1 > * + * {
    margin-block-start: 32px;
}
```

• • •

このように、フローレイアウトでも不特定多数なものを破綻なく組み合わせ、コントロールする方法の 1 つとして、フクロウセレクタの設定や考え方が利用されるようになっています。なお、挿入する間隔が均一な場合、P.222 のスタックレイアウトのように CSS グリッドを使うという考え方もあります。

フローレイアウトを制御しやすくするために生まれたもの（4）──
ユーティリティクラスベースの CSS フレームワーク（Tailwind CSS など）

近年は、新しいスタイリングソリューションとして、ユーティリティクラスをベースとした Tailwind CSS（2017 年）や Panda CSS（2023 年）といった CSS フレームワークが登場しています。

これらを使うと、ブラウザの適用する UA スタイルシートが全面的にリセットされ、その状態から要素ごとに直接的にスタイルを指定できるようになります。それにより、フローレイアウトの細かなルールを意識しなくても、感覚的にわかりやすくスタイリングしていけるようになっています。Tailwind CSS などが好まれる理由の 1 つと言えるかもしれません。

Tailwind CSS
https://tailwindcss.com/

Panda CSS
https://panda-css.com/

これらに含まれるリセット CSS などの特徴は次のようになっています。

■ リセットCSS

上下マージンやフォントサイズなどを全面的にリセットする CSS が適用され、初期状態の表示が整えられます。現在の Web には欠かすことのできない、画像を可変にする設定も含まれています。

Tailwind CSSやPanda CSSをセットアップしたときの初期状態の表示

たとえば、上下マージンなどをリセットする設定は次のようになっています。ブラウザのバグをカバーする設定なども含まれており、自前で用意するときの参考にもなります。それぞれ GitHub で確認できます。

```css
h1, h2, h3, h4, h5, h6 {
  font-size: inherit;
  font-weight: inherit;
}

blockquote, dl, dd, h1, h2, h3,
h4, h5, h6, hr, figure, p, pre {
  margin: 0;
}

img, video {
  max-width: 100%;
  height: auto;
}
…
```

```css
@layer reset {
  * {
    margin: 0;
    padding: 0;
    font: inherit;
  }

  img, video {
    max-width: 100%;
    height: auto;
  }
  …
}
```

Tailwind CSSのリセットCSS

https://github.com/tailwindlabs/
tailwindcss/blob/master/src/css/
preflight.css

Panda CSSのリセットCSS

https://github.com/chakra-ui/panda/blob/
main/packages/studio/styled-system/
styles.css

■ ユーティリティクラスをベースとしたスタイリング

ユーティリティクラスをベースとしたスタイリングでは、要素に対して直接スタイルを指定していきます。フローレイアウトでは P.30 のように各要素のスタイルの設定を把握し、相互関係でレイアウトを組む必要があるため、要素ごとのスタイルを効率よく指定できることはレイアウト制御の効率化にもつながります。

```
<h1 className="mb-4 text-4xl font-bold"> 文書のレイアウト </h1>
```

Tailwind CSSでのスタイリング

```
<h1 className={css({ mb: '4', fontSize: '4xl', fontWeight: 'bold' })}>
文書のレイアウト </h1>
```

Panda CSSでのスタイリング

■ 参考文献

本文中で触れたものに加えて、参考にさせていただいた文献です。

The birth of the Web | CERN
https://home.web.cern.ch/science/computing/birth-web

Tim Berners-Lee: WorldWideWeb, the first Web client
https://www.w3.org/People/Berners-Lee/WorldWideWeb.html

A history of HTML
https://www.w3.org/People/Raggett/book4/ch02.html

A brief history of CSS until 2016
https://www.w3.org/Style/CSS20/history.html

The Story of CSS Grid, from Its Creators – A List Apart
https://alistapart.com/article/the-story-of-css-grid-from-its-creators/

History of the web browser - Wikipedia
https://en.wikipedia.org/wiki/History_of_the_web_browser

CSSグリッドの
誕生とその特徴

CSS Grid

2.1 ハックを使わないレイアウトのはじまり

Grid Layout

CSS2 のリリース後も、フローレイアウトしかレイアウトの手段はなく、ドキュメント以外のレイアウトにはハックを使うしかない状態が続きます。そして、そんな状況がさらに 10 年以上続いた後、ようやくハックを使わないレイアウトとして「フレックスボックス（Flexbox）」と「CSS グリッド（CSS Grid）」が登場します。

本章では、これらの機能と特徴、フローレイアウトとの違いなどを見ていきます。

CSSの機能の分割

1998 年以降、CSS2 にまとめられたフローレイアウトの機能はモジュールに分割され、以降は機能を拡張したものから CSS3 の仕様としてリリースされていくことになりました。

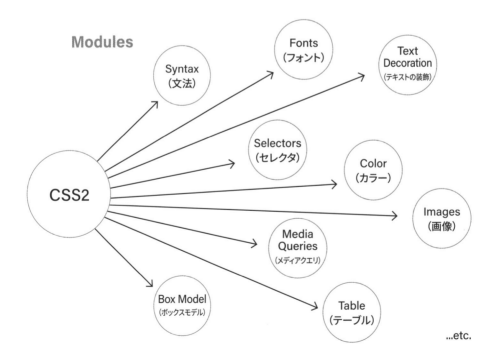

CSS current work（モジュール化された仕様の一覧）
`https://www.w3.org/Style/CSS/current-work`

しかし、フローレイアウトをベースに拡張しても、ドキュメントのレイアウトをターゲットにしたものであることに変わりはありません。ドキュメント以外の、複雑なレイアウトの制御に適した機能が存在しないまま、「レイアウトにはハックを使う」という状況が続くことになります。

レイアウト用の新しいモジュールの登場

この状況をどうにかしようという大きな動きが出てきたのは 2000 年代末になってからです。

- 2009 年にフレックスボックス（Flexbox）
- 2011 年に CSS グリッド（CSS Grid）

という、レイアウト用の新しいモジュールの最初の草案がリリースされます。両方の仕様をまとめた Google の Tab Atkins は、その目的を次のように述べています。

> 目的は、Web 開発者としてマスターしなければならなかった「float/table/inline-block」などによるクレイジーなハックをすべて置き換えることでした。それらは愚かで、覚えづらく、そして無数の面倒な方法で制限されていました。ですので、**単純で使いやすく、完全な方法で解決する優れたレイアウトモジュールを作りたかった**のです。
>
> What IS Flexbox?
> `https://medium.com/@spaceninja/what-is-flexbox-6aed968555ef`

新しい CSS の機能を使って、ハックを使わずにレイアウトを構築していく歴史の始まりです。

Intrinsic Web Design ── ハックを使わないレイアウトの考え方

float などによるハックを使用せず、CSS に新しく用意された機能を使ってレイアウトをしていく手法や考え方は、Jen Simmons によって「Intrinsic Web Design（本質的・内在的な Web デザイン）」と命名されました。

> イントリンシック Web デザインは、私がこの新しい時代につけた名前です。なぜなら、私たちは本当にレイアウト・デザインの新しい時代にいると思うからです。… float ベースのものではなく、新しいテクノロジーの集まり、と言える新しい時代のために、新しい言葉が必要だと感じています。… それは単に技術が新しいというだけでなく、実際にできることの可能性が新しいからです。利用可能なスペースに応じてコンテンツを変形させたり、移動させたり、変化させたりする方法は、実際にこれまでのレスポンシブ・ウェブ・デザインとは非常に異なっているのです。
>
> Transcript: Intrinsic Web Design with Jen Simmons (The Big Web Show) - Zeldman on Web and Interaction Design
> https://www.zeldman.com/2018/05/02/transcript-intrinsic-web-design-with-jen-simmons-the-big-web-show/

Intrinsic Web Design では CSS グリッドを中心に、フレックスボックスなどを組み合わせて高度なレイアウトを実現していきます。こうした新しい機能は最初からレスポンシブも考慮した設計になっているため、メディアクエリも必要に応じて使えばすむものになっています。

2018 年に行われた講演では、次のように Intrinsic Web Design の特徴が紹介されています。

Intrinsic Web Design

1. Fluid & fixed
2. Stages of Squishiness
3. Rows & Columns
4. Nested Contexts
5. Ways Expand & Contract
6. Media Queries, as needed

 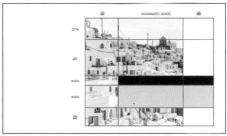

Everything About Web Design Just Changed - Speaker Deck (2018) より
`https://speakerdeck.com/jensimmons/everything-about-web-design-just-changed`

Intrinsic Web Design: Everything You Need to Know
`https://justcreative.com/intrinsic-web-design/`

1. Fluid & fixed

可変と固定を混在させることができます。

2. Stages of Squishiness

CSS グリッドでは固定サイズ、fr 単位、minmax() 関数、auto を使用して、変幻自在な場を
用意できます。

3. Rows & Columns

行と列で 2 次元のレイアウトを構築できます。

4. Nested Contexts

異なるコンテキストを入れ子にできます。たとえば、フローレイアウト内でCSS グリッドを使用し、
CSS グリッド内でフレックスボックスを使うといったことが可能です。

5. Ways Expand & Contrast

コンテンツや余白の拡張、縮小、折り返し、オーバーラップなどを新しい方法で制御し、画面
幅に合わせたレイアウトにできます。

6. Media Queries, as needed

メディアクエリ @media は必須ではなくなり、必要に応じて使用します。

フレックスボックスレイアウトの登場

ドキュメント以外のレイアウトにはハックを使うしかなかった状況で出てきたのが、新しいレイアウトモジュールの「フレックスボックス」です。ハックを解消する便利なものとして、Firefox が使用していた UI 構築用の言語（XUL）を元に、Mozilla、Opera、Apple によって 2009 年に草案が作成されました。

Flexible Box Layout Module（2009 - 草案）
`https://www.w3.org/TR/2009/WD-css3-flexbox-20090723/`

その後、Google の Tab Atkins らによって全面的に書き直され、2012 年に勧告候補がリリースされます。

CSS Flexible Box Layout Module（2012 - 勧告候補）
`https://www.w3.org/TR/2012/CR-css3-flexbox-20120918/`

フレックスボックスの特徴

フレックスボックスは float を使ったハックを置き換えることを想定して設計された機能です。要素が横一列の、横並びのレイアウトになるのが特徴です。縦一列の、縦並びのレイアウトにすることもできます。

> もしもフレックスボックスなしでやるとしたら、float まわりのハックのやり方を調べなければならないだろう。
>
> CSS For Real Pages and Apps with Flexbox, Tab Atkins
> `https://youtu.be/FKfNbqqeGi4`

横並びになった各要素の配置は、ハックを使ったレイアウト（フローレイアウト）と同じように要素ごとの設定と相互関係で決まります。そのうえで、ハックを使うレイアウトでは困難だった、並び順を変更したり、高さを揃える、縦方向の位置揃えを指定するといった調整が簡単にできるようになっています。

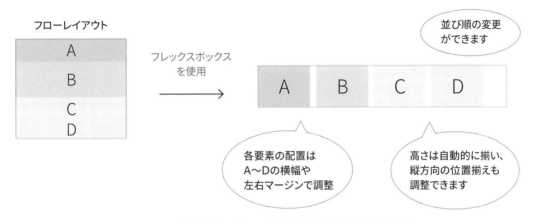

2

Grid Layout

レスポンシブも考慮されており、コンテナの横幅に合わせて要素のサイズを伸縮させたり、位置揃えを調整することもできます。

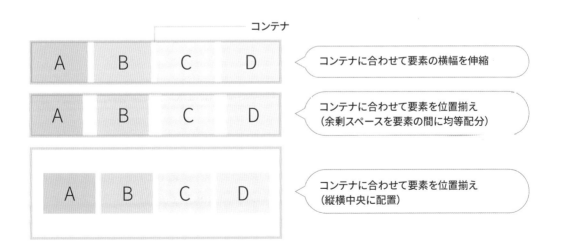

たとえば、フレックスボックスを使って画像、テキスト、ボタンを横並びにして、縦中央で揃えると次のようになります。要素の間隔はマージンで調整し、ボタンの配置は左マージンを auto にして右寄せにしています。

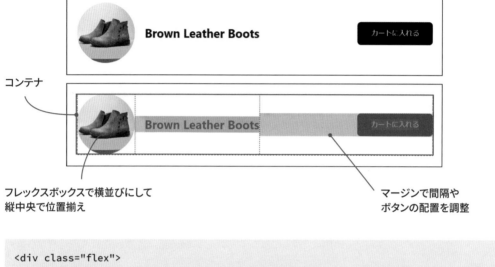

コンテナ

フレックスボックスで横並びにして
縦中央で位置揃え

マージンで間隔や
ボタンの配置を調整

```
<div class="flex">
    <figure>
        <img src="boots.jpg" alt="" width="1980" height="1512" />
    </figure>
    <h2>Brown Leather Boots</h2>
    <button> カートに入れる </button>
</div>
```

```
.flex {                        h2 {
    display: flex;                 margin-left: 20px;
    align-items: center;       }
}                              button {
                                   margin-left: auto;
                               }
```

画像、テキスト、ボタンの親要素（ここでは <div class="flex">）に display: flex を適用するだけで横並びになっています。縦方向の位置揃えは align-items を center と指定しているだけですし、ハックでやっていたことが簡単に設定できるようになったことがわかります。

さらに、フレックスボックスの折り返しの機能を有効化すると、複数行に並べるレイアウトも実現できます。折り返しを入れる箇所のコントロールには、ハックを使ったレイアウトと同じようにフローレイアウトのカラム落ちの機能（P.36）を利用します。この際にも、並べた要素を行単位でスペースに合わせて伸縮したり、整列・位置揃えを調整することが可能です。

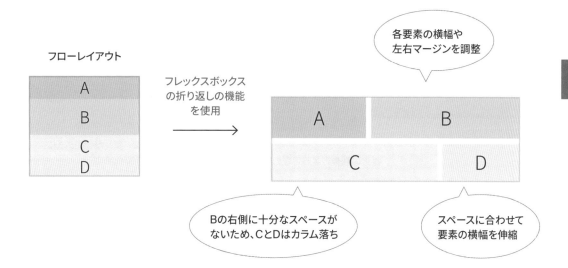

たとえば、さきほどのサンプルをレスポンシブで複数行のレイアウトに切り替えると次のようになります。ここではフレックスボックスの折り返しの機能を有効化し、ボタンの横幅を 100% にしています。これによってボタンがカラム落ちするため、複数行のレイアウトになります。

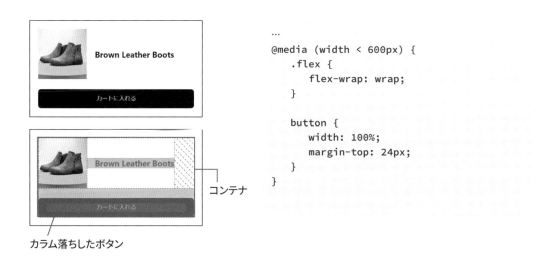

```
...
@media (width < 600px) {
    .flex {
        flex-wrap: wrap;
    }

    button {
        width: 100%;
        margin-top: 24px;
    }
}
```

フレックスボックスの中ではフレックスボックスのルールが適用されます。そのため、マージンの相殺や、マージンが親要素（コンテナ）の外側に飛び出す処理、要素の種類による処理の違いなどを気にする必要がありません。たとえば、画像とボタンに上下マージンを入れると、指定したマージンがそのまま表示に反映され、コンテナ内に収まる形で処理されます。

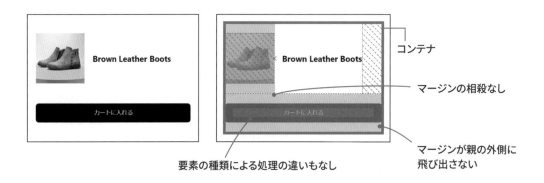

■ **フレックスボックスのルール（整形コンテキスト）**

- display: flex を適用した要素がフレックスコンテナとなり、フレックスボックスを構成する
- フレックスコンテナ直下の子要素がフレックスアイテムとして扱われ、並べられる
- フレックスアイテムの間でマージンは相殺されない
- フレックスコンテナとフレックスアイテムの間でマージンは相殺されない
- フレックスコンテナに適用した ::first-line、::first-letter は機能しない
- フレックスアイテムに適用した float、clear、vertical-align は機能しない

このように、フレックスボックスでは、フローレイアウトの特殊に感じる膨大なルール（P.27）を意識しないですむようになったことがわかります。

ただし、フレックスボックスでレイアウトを組む場合も、フローレイアウトの特性である「すべての要素のスタイルを把握し、相互関係でレイアウトを組んでいくこと」が求められます。そのため、レイアウトを制御するためにはフローレイアウトとフレックスボックスの両方を習得し、使いこなすことが必要です。

もちろん、フレックスボックスはそれに見合うものであるのは間違いありません。現在の Web ではフレックスボックスがハックで作られていたものと置き換わり、レイアウトに欠かせない存在になっています。

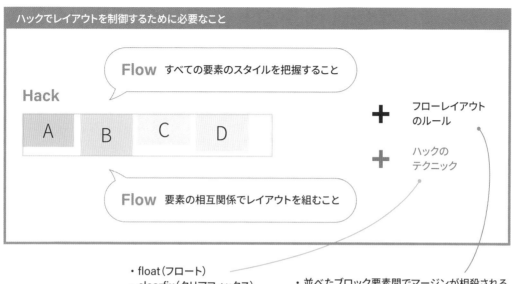

・float（フロート）
・clearfix（クリアフィックス）
・table（テーブル）
・inline-block（インラインブロック）
など

・並べたブロック要素間でマージンが相殺される
・マージンが親の外側に出る処理がある
・要素の種類（ブロック、インライン、
　インラインブロック）によって各種処理が変わる
など

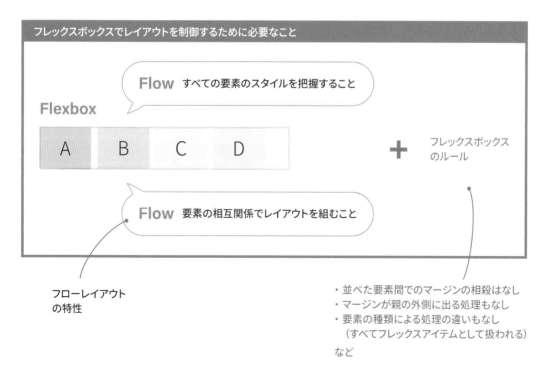

フローレイアウト
の特性

・並べた要素間でのマージンの相殺はなし
・マージンが親の外側に出る処理もなし
・要素の種類による処理の違いもなし
　（すべてフレックスアイテムとして扱われる）
など

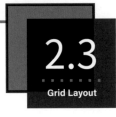

2.3 Grid Layout フローレイアウトとフレックスボックス では不十分だったレイアウト制御

フレックスボックスの登場で、ハックを使う必要はなくなりました。しかし、「フローレイアウトで レイアウトを制御するのは難しい」という問題は、根本的な解決には至りませんでした。ここに、 CSSグリッドという、もう1つ別の新しいレイアウトシステムが登場する理由があります。それを 確認しておきます。

フローレイアウトでは不十分だった理由

まずは、フローレイアウトで不十分だった理由を改めて確認しておきます。Chapter 1で確認し たように、フローレイアウトはドキュメント以外のレイアウトには適していません。

フローレイアウトでレイアウトを制御するためには、「要素の相互関係でレイアウトを組むこと」と 「すべての要素のスタイルを把握すること」が必要です。しかし、複雑なレイアウトではこれらが 足かせとなります。

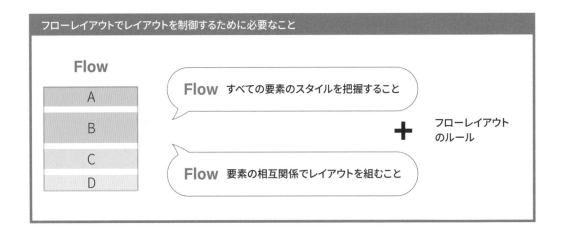

このことは、CSS1 と CSS2 の仕様をまとめた Bert Bos 自身が、CSS1 をリリースした 1996 年当時から指摘していました。CSS1 や CSS2 はドキュメントのレイアウトをターゲットにしたもので、高度なレイアウトを実現するためには機能の拡張が必要だというものです。

CSS1 と同じ 1996 年には、CSS1 のレイアウト機能の拡張を提案した草案もリリースしており、次のように述べています。

> CSS1 は、HTML に適用できるシンプルなスタイルシート言語です。ドキュメントのスタイル（どのフォントや色を使用するか、どれだけのスペースを挿入するかなど）を記述します。… ページ制作者が画面内で要素の配置を制御する手段は非常に限られていました。
>
> Frame-based layout via Style Sheets（1996）
> https://www.w3.org/TR/WD-layout

ドキュメントの
レイアウト

高度で複雑な
レイアウト

CSS1　CSS2

この草案は採用されませんでしたが、その後も、Bert Bos は「テンプレートレイアウト」という形で
フローレイアウトの影響を受けないレイアウトシステムを提案し続けました。

> この仕様は CSS のレベル 3 の一部であり、高レベルでレイアウトを記述するための機
> 能が含まれています。これは、グラフィカルユーザーインターフェースの「ウィジェット」
> の配置や整列、またはページやウィンドウのレイアウトグリッドなどのタスクに適してい
> ます。
>
> CSS Template Layout Module (2009)
> https://www.w3.org/TR/2009/WD-css3-layout-20090402/

フレックスボックスでも不十分だった理由

そこにフレックスボックスが加わったわけですが、レイアウトの制御に「要素の相互関係でレイア
ウトを組むこと」と「すべての要素のスタイルを把握すること」が求められる点はフローレイアウ
トと変わりありません。あくまでも、フローレイアウトの影響下にあるレイアウトモデルなのです。

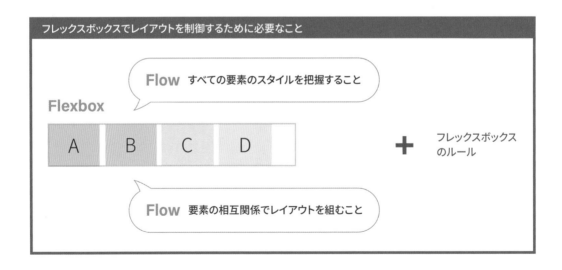

フレックスボックスでレイアウトを制御するために必要なこと

Flexbox

Flow　すべての要素のスタイルを把握すること

A　B　C　D

Flow　要素の相互関係でレイアウトを組むこと

＋　フレックスボックス
のルール

「フローレイアウトをベースとした考え方で簡単にレイアウトを制御できる」というメリットはありますが、各要素の設定と相互関係で配置が決まる以上、レイアウトが複雑になると制御が難しくなります。フレックスボックスが要素を単純に横に並べるような「シンプルなレイアウトに適している」と言われるのもそのためです。

フレックスボックスの仕様をまとめていた Google の Tab Atkins も、次のように述べています。発言中の「テンプレートレイアウト」は Bert Bos が提案し続けていたレイアウトシステムです。

> フレックスボックスはさまざまな用途に適しており、さらに強化してより優れたものにするつもりですが、ページレイアウトには適切な解決策ではありません。テンプレートレイアウトが適しています。
>
> Why Flexboxes Aren't Good for Page Layout — Tab Completion（2010年）
> https://www.xanthir.com/blog/b4580

> フレックスボックスは非常にシンプルなページレイアウトには適していますが、より複雑なレイアウトには適していません。複雑な 2 次元のレイアウトには、テーブルレイアウトを彷彿とさせる酷い構造のネストされたフレックスボックスがたくさん必要になります。それは良いことではありません。 … レイアウトのわずかな変更のために文書をかなり大幅にアレンジすることになり、良い構造も幸せなコーダーも生み出しません。
>
> CSS For Real Pages and Apps with Flexbox, Tab Atkins（2013年）
> https://youtu.be/FKfNbqqeGi4

「ネストされたフレックスボックスがたくさん必要になる」というのはどういう状況でしょうか。

たとえば、P.61 のサンプルで、カラム落ちさせたボタンを画像の下ではなく、横に並べることを考えてみます。「複雑」というほどのレイアウトには見えませんが、実現するためには HTML のマークアップを変更し、フレックスボックスをネストした構造にする必要があります。

実際に P.61 のコードをもとにマークアップを変更し、画像の横にボタンを並べるようにすると次のようになります。ここではテキストとボタンを \<div class="flex2"> でグループ化しています。そのうえで、\<div class="flex"> と \<div class="flex2"> でフレックスボックスを構成し、ネストした構造にすると、次のようにレイアウトを構築できます。

```
<div class="flex">
    <figure>
        <img src="boots.jpg" alt="" width="1980" height="1512" />
    </figure>

    <div class="flex2">
        <h2>Brown Leather Boots</h2>
        <button> カートに入れる </button>
    </div>
</div>
```

```
.flex {
    display: flex;
    align-items: center;
}

.flex2 {
    display: flex;
    flex-grow: 1;
    align-items: center;
    margin-left: 20px;
}

button {
    margin-left: auto;
}
```

```
@media (width < 600px) {
    .flex2 {
        flex-direction: column;
        align-items: flex-start;
    }

    button {
        width: 100%;
        margin-top: 24px;
    }
}
```

フレックスボックスの構成は次のようになっています。

<div class="flex">で構成したフレックスボックス
（画像と<div class="flex2">を横並びにしています）

<div class="flex2">で構成したフレックスボックス
（テキストとボタンを縦並び／横並びにしています）

<div class="flex2">には「flex-grow: 1」
を適用し、<div class="flex">内で伸長さ
せて横幅いっぱいに表示するようにしてい
ます。

ネストを重ねていけば複雑なレイアウトも構築できることがわかります。ハックを駆使してきた制作者・開発者にとってはそれほど複雑なこととは感じないかもしれません。ですが、レイアウトを少し調整しようとしただけで DOM の変更が必要になるのは、コードの保守性を大幅に低下させます。

フレックスボックスの登場により、1 次元のレイアウトは DOM の構成に縛られなくなりましたが、2 次元のレイアウトにしようとした瞬間に、再び DOM の構成を意識することが求められます。

●　　●　　●

このように複雑なレイアウトを構築しようとすると、フローレイアウトでも、フレックスボックスでも不十分で、これらとは異なるレイアウトシステムが必要とされたことがわかります。そして、登場することになったのが「CSS グリッド」です。

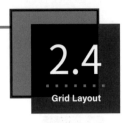

2.4 CSSグリッドレイアウトの登場

Grid Layout

CSS グリッドの仕様は、フレックスボックスの仕様と同じメンバー構成（Tab Atkins、Elika J. Etemad、Microsoft から一人）でまとめられ、フレックスボックスから 4 年遅れで登場します。

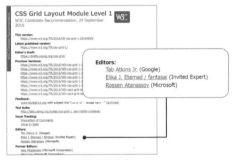

CSSグリッドの仕様の編集者

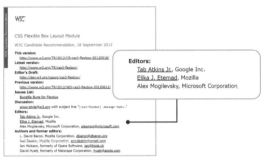

フレックスボックスの仕様の編集者

CSS グリッドは、縦横に区切られたグリッドを使って要素の配置を決めていくレイアウトシステムです。要素ごとの設定や相互関係を気にせずにレイアウトを制御できる、フローレイアウトとは根本的に異なるものとなっています。

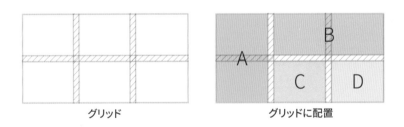

グリッド　　　　　　　　　グリッドに配置

フローレイアウトからは独立した形で制御を行うことから、CSS グリッドは多機能で、さまざまな使い方が可能です。そのため、複雑に見えてしまいますが、機能のもとになっている概念（アイデアや理論的な考え方）を知るとわかりやすくなります。そこで、どのような概念が取り入れられることになったのかを、仕様が策定された過程を追いながら確認していきます。

CSSグリッドの仕様化のきっかけ

CSS グリッドが仕様化されるきっかけとなったのは、2011 年に Microsoft が提出した草案です。自社製品のアプリ開発において、UI チームが「より良いレイアウトツール」を必要とした結果でした。ここでも、「フローレイアウトにしばられないレイアウトシステム」が求められていたというわけです。

> 要するに、Web が Windows におけるネイティブアプリの開発オプションとなるために、Microsoft は Web 用の堅牢で柔軟なレイアウトツールを必要としていたのです。
>
> The Story of CSS Grid, from Its Creators
> https://alistapart.com/article/the-story-of-css-grid-from-its-creators/

Grid Layout（2011 - 草案）
https://www.w3.org/TR/2011/WD-css3-grid-layout-20110407/

CSSグリッドに取り入れられた概念

Microsoft が提案した CSS グリッドはトラック（グリッドを構成する行列）を中心としたもので、「レイアウトシステムとしては完璧ではない」と評されました。しかし、翌年には Internet Explorer 10（IE10）に搭載され、リリースされます。実際に動作するものが登場した影響は大きく、多方面からの検証が始まりました。

その結果、CSS グリッドにはトラックをベースとしたものに加えて、グラフィックデザインの世界で培われてきた伝統的なグリッドシステムが持つ「グリッドライン」の概念と、CSS1 の登場時から Bert Bos が提案し続けてきた「テンプレート」の概念が取り入れられます。テンプレートもグリッドをベースとしたものだったためです。

“ モダンな「グリッドレイアウト」の概念は産業革命以来存在していますが、グリッドは何世紀にもわたってデザインツールでありました。そのため、CSS が誕生したときからの目標が「グリッドベースのレイアウト」とされてきたことは驚くべきことではありません。

…

CSS ワーキンググループは Microsoft の提案を微調整し、これらのアイデアを取り入れました。**最終的に、トラック、ライン、テンプレート、またはこれらすべての観点から捉えることのできるグリッドシステム**となります。

The Story of CSS Grid, from Its Creators

https://alistapart.com/article/the-story-of-css-grid-from-its-creators/

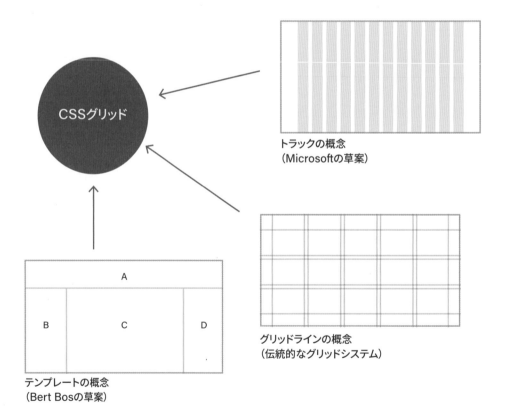

トラックの概念
（Microsoftの草案）

グリッドラインの概念
（伝統的なグリッドシステム）

テンプレートの概念
（Bert Bosの草案）

これらはそれぞれ異なる側面を持つ概念でしたが、Google の Tab Atkins らによってすべてが取り入れられ、一貫性のある 1 つのレイアウトシステムとしてまとめ上げられます。このとき、次の3 つの目標を考慮して編集と修正が行われました。

1）パワフルであること

CSS グリッドを使用することで、デザイナーの思い通りの表現を可能にする。

2）堅牢であること

レイアウトが崩れる、スクロールが制限される、またはコンテンツが意図せずに消えるようなことがないようにする。

3）パフォーマンスが良いこと：

アルゴリズムがリアルワールドの状況（ブラウザのリサイズイベントや動的なコンテンツの読み込みなど）をエレガントに処理する速さを確保し、エンドユーザーにとってストレスにならないようにする。

The Story of CSS Grid, from Its Creators
https://alistapart.com/article/the-story-of-css-grid-from-its-creators/

こうして、「CSS グリッド」というレイアウトシステムが完成し、フレックスボックスから 4 年遅れの 2016 年に勧告候補がリリースされました。CSS グリッドの各概念や特徴については次のセクションで詳しく見ていきます。

CSS Grid Layout Module Level 1（2016 - 勧告候補）
https://www.w3.org/TR/2016/CR-css-grid-1-20160929/

2

Grid Layout

CSSグリッドのブラウザへの実装を後押ししたもの

CSS グリッドは多機能ですが、その分だけブラウザの実装コストは高くなります。仕様がまとまっても、ブラウザに実装されなければ意味がありません。

さらに、仕様が勧告へと進んでいく過程でも、「最低 2 つのブラウザに実装されること（P.76）」が求められます。IE は Microsoft が最初に提案した初期草案の形で実装したままで、勧告候補となった仕様の実装には及び腰でした。CSS グリッドはこの段階で頓挫しそうになります。

そこに手を差し伸べたのは、メディア企業の Bloomberg でした。Bloomberg からのスポンサードにより、主要ブラウザのレンダリングエンジンである Blink と WebKit への実装が進みます。

> 興味深い展開として、メディア企業の Bloomberg は、オープンソースのコンサルティング会社である Igalia に CSS グリッドを Blink と WebKit の両方に実装するよう依頼しました。

The Story of CSS Grid, from Its Creators
https://alistapart.com/article/the-story-of-css-grid-from-its-creators/

> Bloomberg には、私たちの Blink と WebKit 上での CSS グリッドレイアウトの取り組みや、V8 と SpiderMonkey JavaScript エンジンにおける ECMAScript 6（ES6）機能の実装を支援していただいたことに感謝いたします。

Welcome CSS Grid Layout
https://blogs.igalia.com/mrego/2014/03/13/welcome-css-grid-layout/

さらに、Google のテクニカルライターである Rachel Andrew や、P.56 の Intrinsic Web Design（イントリンシック Web デザイン）を提唱した Jen Simmons により、CSS グリッドを使った多彩なデモが作成されます。これにより、Web デザインコミュニティにも CSS グリッドを切望する熱意が広がり、ブラウザベンダーを動かします。

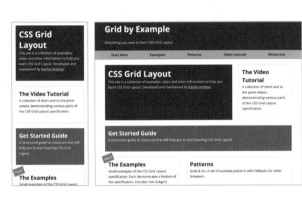

Rachel Andrewによって作成された
Grid by Example
https://gridbyexample.com/

Jen Simmonsによって作成された
Web Design Experiments
https://labs.jensimmons.com/

最終的に、勧告候補がリリースされた翌年の 2017 年には、IE 以外の、Edge を含む主要ブラウザが CSS グリッドに対応しました。

そのあとは、残念なことに初期草案で実装されたままだった IE の存在が足をひっぱり、Web での利用はフレックスボックスに遅れを取ることになります。しかし、2022 年に IE のサポートが終了したことで、じわじわと利用が広まってきています。

仕様の策定過程で求められる実装と相互運用性について

HTML の仕様は WHATWG で Living Standard として策定されるようになりましたが、CSS の仕様は現在でも W3C で策定されています。W3C では仕様が草案から勧告へと進んでいく過程の中で、実装が求められます。

W3C の Process Document（プロセス文書）によると、2005 年版と 2014 年版以降とで表現が変わっていますが、いずれの場合も複数の実装が求められています。

> **2005年版**
>
> 相互運用可能な 2 つの実装を実証できることが望ましい
>
> World Wide Web Consortium Process Document
> https://www.w3.org/2005/10/Process-20051014/

> **2014年版**
>
> 独立して相互運用可能な実装が存在するか
>
> World Wide Web Consortium Process Document
> https://www.w3.org/2014/Process-20140801/

Chrome (Blink)　　Edge (Edge HTML)　　Firefox (Gecko)　　Safari (WebKit)　　IE11 (Trident)

2010年代中頃のブラウザ
（カッコ内はレンダリングエンジン　※Blinkは2013年から）

現在は IE のサポートも終了し、Chrome と Edge が同じレンダリングエンジンの Blink を使用するようになっています。

Chrome　　　Edge　　　Firefox　　　Safari
(Blink)　　　(Blink)　　　(Gecko)　　　(WebKit)

現在のブラウザ
（カッコ内はレンダリングエンジン）

さらに、2020 年代に入ってからは、ブラウザベンダー各社や、コンサルティング会社の Igalia などが協力し、ブラウザ間の差異をなくす（相互運用性＝ Interoperability を高める）取り組みをしています。その結果、実装の差や、大きな表示の違いが生じることは少なくなっています。ただし、なくなったわけではありません。

取り組みの一環である Interop 2023 では、重点分野としてフレックスボックスと CSS グリッドが取り上げられています。本書執筆時点での相互運用性は、フレックスボックスが 93.2%、CSS グリッドが 83.4% となっています。また、下記サイトでは相互運用性を評価するためのテストや実装状況も確認できます。

Interop 2023
https://wpt.fyi/interop-2023

Interop 2024
https://wpt.fyi/interop-2024

CSS Grid Layout Module
Level 2のサブグリッドの実装
レポート
（テストと実装状況）

https://wpt.fyi/
results/css/css-grid/
subgrid

2.5
Grid Layout

CSSグリッドのベースとなっている概念

仕様に取り入れられたトラック、ライン、テンプレートの概念は、CSS グリッドの基本となっているものです。それぞれの概念ごとに、どのような思考で要素（アイテム）の配置をコントロールできるのかを確認しておきます。組み合わせて利用することも可能です。

トラック

スペースを縦方向に分割した列（トラック）をベースに要素を配置します。「カラムグリッド」と呼ばれるもので、12 列で構成したものは「12 カラムグリッド」と呼ばれます。
擬似的なものだったとはいえ、P.40 のような CSS フレームワークに取り入れられたのもカラムグリッドであったことから、Web では古くから親しまれてきたグリッドと言えます。モバイルでは 4 カラムに切り替えるケースが多く見られます。

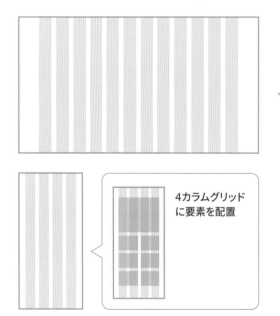

4カラムグリッド
に要素を配置

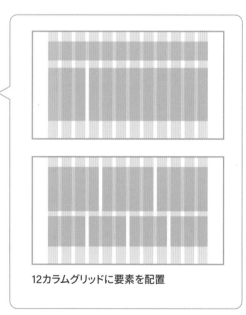

12カラムグリッドに要素を配置

ライン

グリッドを構成するグリッドラインをベースに、ラインに沿って要素を配置します。伝統的なグラフィックデザインやエディトリアルデザインで培われてきたグリッドシステムに基づいた考え方で、「デザイナーが親しみやすくなる」として CSS グリッドの仕様に取り入れられました。
規則的なものから、不規則で自由な形にラインを引いたものまで、制作するデザインやレイアウトに合わせてさまざまな形のグリッドを構成して使用します。

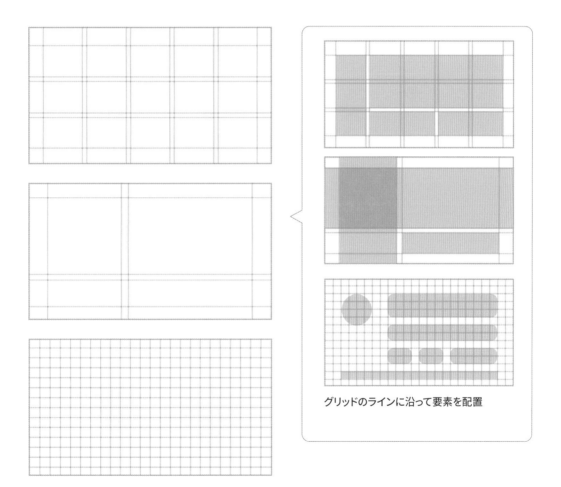

グリッドのラインに沿って要素を配置

テンプレート

グリッドでエリアを構成し、各エリアに要素を配置してレイアウトを構築します。

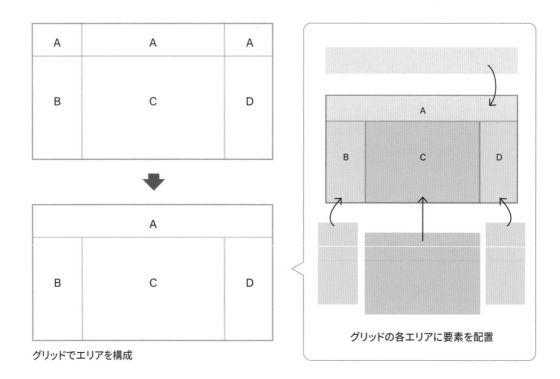

グリッドでエリアを構成

グリッドの各エリアに要素を配置

CSS1 と CSS2 の仕様をまとめた Bert Bos が提案していた概念を取り入れたもので、目的の場所に要素を配置する考え方としては一番直感的でわかりやすいものとなっています。

> 私たちが Bert Bos の提案に本当に好感を持っていたのは、それが非常にエレガントなインターフェースを持っており、直感的にレイアウトを表現できる方法だったことです。
>
> The Story of CSS Grid, from Its Creators
> https://alistapart.com/article/the-story-of-css-grid-from-its-creators/

グリッドシステムとは

グリッドシステムは、デザインやレイアウトの構成に一貫性を持たせることができる柔軟なシステムとして考案されました。20 世紀後半にスイスのグラフィックデザイナー、ヨゼフ・ミューラー＝ブロックマン（Josef Müller-Brockmann）が体系化した著書「Grid systems in graphic design」によって広く普及し、さまざまなジャンルのデザイン制作に欠かせないものとなっています。

グリッドシステムの仕組みはシンプルです。スペースを縦横のラインで分割し、それに合わせて画像やテキストを配置します。これにより、視覚的な整合性や一貫性を保ちながら、バリエーションのあるレイアウトを効率よく構築できる仕組みになっています。

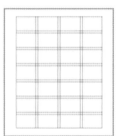

サイズやスペース、比率などを簡単に維持できるのもポイントです。そのため、サイズなどの統一が求められる「デザインシステム」の作成や運用においても、相性のよいレイアウトシステムとなっています。

2

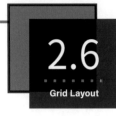

CSSグリッドで構築する グリッドとレイアウトの特徴

2.6
Grid Layout

CSS グリッドでは、トラック、ライン、テンプレートのどの概念のグリッドを使っても、縦横のラインにより構成されたレイアウト環境としてのグリッドが構築されます。そして、このグリッドに要素（アイテム）を配置してレイアウトを構築していくことになります。ここでは、CSS グリッドで構築するグリッドとレイアウトの特徴を確認しておきます。

グリッドを介した配置のコントロール

要素の配置は各要素の設定や相互関係ではなく、グリッドを介してコントロールします。サイズや間隔も、グリッドの行列のサイズと間隔で制御します。たとえば、3 列× 2 行のグリッドを作成し、要素をどこに配置するかを指定すると、次のようになります。

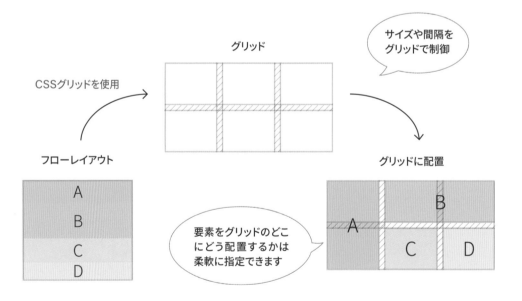

各要素の設定は配置先のエリア内に閉じた形で処理され、他の要素に作用することはありません。配置先の中での位置揃えを指定することもできますし、配置先が重複した場合は重なります。P.28 〜 29 のようなマージンの相殺や、要素の種類による処理の違いも発生しませんので、制作者・開発者が直感的にレイアウトを制御できるようになっています。

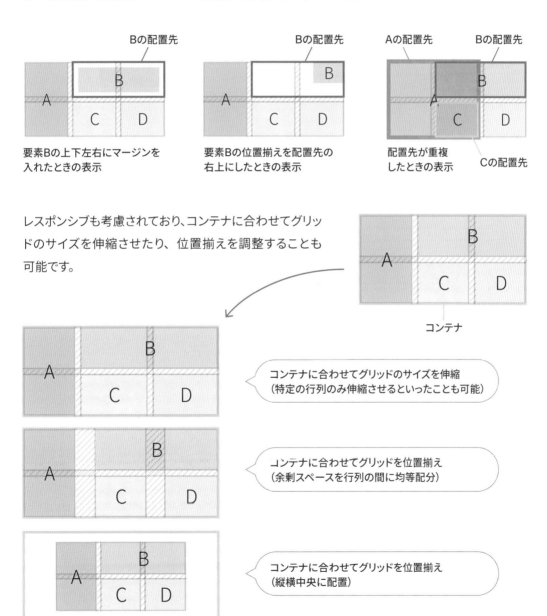

Bの配置先

要素Bの上下左右にマージンを
入れたときの表示

Bの配置先

要素Bの位置揃えを配置先の
右上にしたときの表示

Aの配置先　　Bの配置先

配置先が重複
したときの表示　　Cの配置先

レスポンシブも考慮されており、コンテナに合わせてグリッドのサイズを伸縮させたり、位置揃えを調整することも可能です。

コンテナ

コンテナに合わせてグリッドのサイズを伸縮
（特定の行列のみ伸縮させるといったことも可能）

コンテナに合わせてグリッドを位置揃え
（余剰スペースを行列の間に均等配分）

コンテナに合わせてグリッドを位置揃え
（縦横中央に配置）

2

Grid Layout

たとえば、CSS グリッドで画像、テキスト、ボタンを横並びにして縦中央で揃えると、次のように
なります。ここでは 3 列 × 1 行のグリッドを作成して「image」「text」「button」の 3 つのエ
リアを構成し、各エリアに画像、テキスト、ボタンを配置しています。これは「テンプレート（P.80）」
の概念をベースとした、もっともわかりやすいグリッドの使い方です。

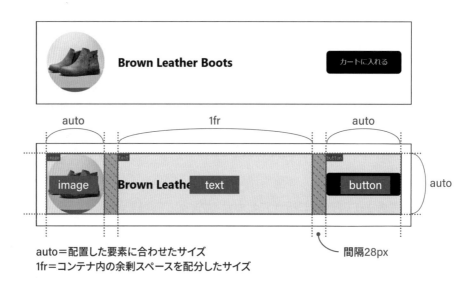

auto＝配置した要素に合わせたサイズ
1fr＝コンテナ内の余剰スペースを配分したサイズ

```
<div class="grid">
   <figure>
      <img src="boots.jpg" alt="" width="1980" height="1512" />
   </figure>
   <h2>Brown Leather Boots</h2>
   <button> カートに入れる </button>
</div>
```

```
/* グリッドを作成 */
.grid {
   display: grid;
   grid-template-areas: "image text button";
   grid-template-columns: auto 1fr auto;
   grid-template-rows: auto;
   column-gap: 28px;
   align-items: center;
}
```

```
/* 配置先のエリアを指定 */
figure {
   grid-area: image;
}
h2 {
   grid-area: text;
}
button {
   grid-area: button;
}
```

フローレイアウトやフレックスボックスと異なり、要素の配置や間隔の調整にマージンは使用せず、すべてグリッドで制御していることがわかります。

レスポンシブでも、グリッドの構造とエリアの構成を変えるだけで、レイアウトを変化させることができます。ここではグリッドを 2 列 × 2 行の構造にして、「image」「text」「button」の 3 つのエリアを次のように構成しています。「image」のエリアを 2 行にまたがった構成にすることで、画像の横にテキストとボタンを並べたレイアウトにしています。

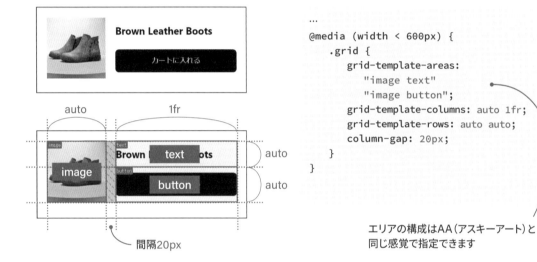

```
...
@media (width < 600px) {
    .grid {
        grid-template-areas:
            "image text"
            "image button";
        grid-template-columns: auto 1fr;
        grid-template-rows: auto auto;
        column-gap: 20px;
    }
}
```

エリアの構成は AA（アスキーアート）と同じ感覚で指定できます

このように、CSS グリッドではフローレイアウトやフレックスレイアウトで必要だった「すべての要素のスタイルを把握し、相互関係でレイアウトを組むこと」は不要になり、CSS グリッドのルールのみを考慮してレイアウトを制御できることがわかります。

2

Grid Layout

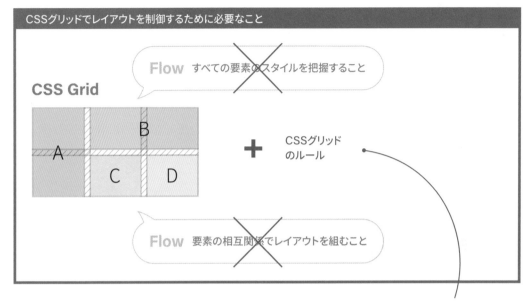

・配置した要素間でのマージンの相殺はなし
・配置した要素のマージンが親の外側に出る処理もなし
・配置した要素の種類による処理の違いもなし
　（すべてグリッドアイテムとして扱われる）
など

■ CSSグリッドのルール（整形コンテキスト）

- display: grid を適用した要素がグリッドコンテナとなり、グリッドを構成する
- グリッドコンテナ直下の子要素がグリッドアイテムとして扱われ、グリッドに配置される
- グリッドアイテムの間でマージンは相殺されない
- グリッドコンテナとグリッドアイテムの間でマージンは相殺されない
- グリッドコンテナに適用した ::first-line、::first-letter は機能しない
- グリッドアイテムに適用した float、clear、vertical-align は機能しない

さらに、CSS グリッドには要素をグリッドに自動配置する機能と、要素の数に合わせてグリッドを自動生成する機能があります。これらを利用すると、フローレイアウトやフレックスボックスによく似た感覚で、なおかつ要素ごとの設定や相互関係を気にすることなく、グリッドでレイアウトを制御できます。

要素の自動配置

グリッドを作成すれば、どこにどう配置するかを指定しなくても、要素はグリッドに自動配置されます。フローレイアウトと同じように左から右へ、上から下へと自動配置されていきます。

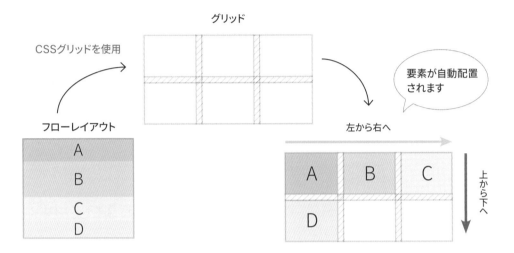

グリッドの自動生成

レイアウトシステムを CSS グリッドに切り替えると、グリッドを作成しなくても、要素の数に合わせてグリッドが自動生成されます。標準では行が生成されていくため、要素が 4 つある場合、1 列 × 4 行のグリッドが生成されます。要素は自動配置され、縦一列に並んだレイアウトになります。表示結果はフローレイアウトのときと同じように見えますが、もちろん、CSS グリッドのルールで制御されています。

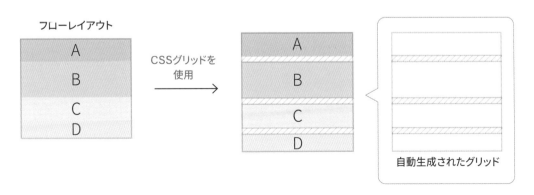

自動生成されたグリッド

列の構成だけを指定し、それに合わせて自動生成させることもできます。たとえば、要素が 5 つあるときにグリッドの列の構成を「2 列」に指定すると、2 列× 3 行のグリッドが自動生成されます。

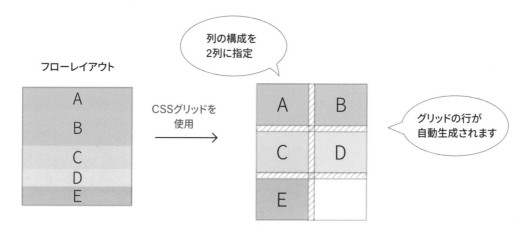

コンテナの横幅に合わせて、グリッドの列の数を自動的に変化させることもできます。それに合わせて自動生成される行の数も変わるため、次のようにレイアウトをレスポンシブで変化させることができます。メディアクエリ @media やコンテナクエリ @container を使った設定は不要です。

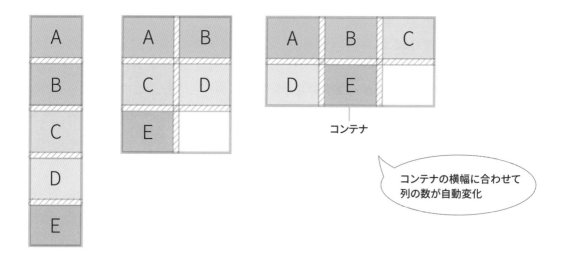

なお、行ではなく列が自動生成されるようにすることも可能です。要素が 4 つある場合、4 列×1 行のグリッドが自動生成され、フレックスボックスを使ったときと同じように要素を横一列に並べたレイアウトにすることができます。

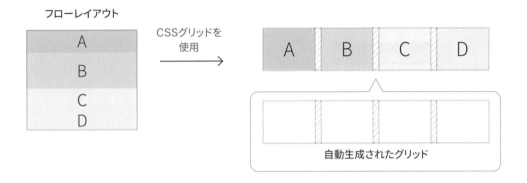

たとえば、自動生成と自動配置の機能を利用すると、P.84 のサンプルは次のような設定でも作成できます。ここでは列の構成のみを指定して 3 列×1 行のグリッドを自動生成し、画像、テキスト、ボタンを自動配置しています。

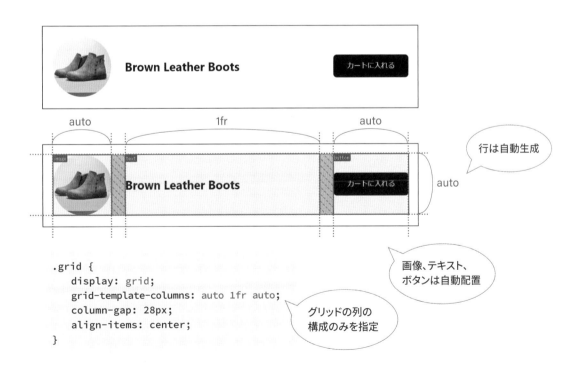

```
.grid {
    display: grid;
    grid-template-columns: auto 1fr auto;
    column-gap: 28px;
    align-items: center;
}
```

レスポンシブでレイアウトを変えるときにも、列の構成のみを指定して 2 列 × 2 行のグリッドを自動生成します。画像、テキスト、ボタンも自動配置です。ただし、画像のみ「span 2（2 行分使用する）」と指定しています。

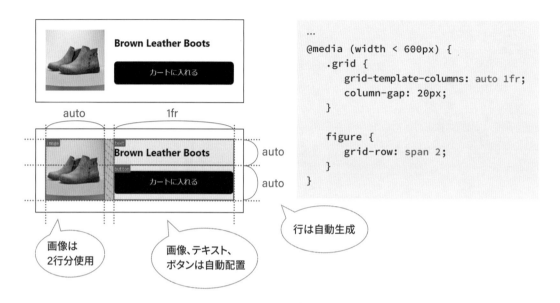

レスポンシブを含めたレイアウトについての新しい考え方が要求される

このように、CSS グリッドには多彩な機能が用意されており、これらを組み合わせてさまざまなレイアウトを構築していきます。ただし、「フローレイアウト」や「フレックスボックス」とは根本的に異なるレイアウトシステムですので、CSS グリッドの仕組みに則った、新しい考え方が求められます。

CSS グリッドの背景などをまとめた「The Story of CSS Grid, from Its Creators」の著者である Aaron Gustafson（A List Apart の編集長）も、次のように述べています。

> CSS を 20 年以上使ってきた私たち「昔ながらの人々」にとっての課題のひとつは、CSS グリッドがレイアウトについてまったく新しい考え方を要求することです。
>
> The Story of CSS Grid, from Its Creators
> https://alistapart.com/article/the-story-of-css-grid-from-its-creators/

2.6   CSS グリッドで構築するグリッドとレイアウトの特徴

新しい考え方は求められますが、その代わり、**要素ごとの設定や相互関係に振り回されない、レイアウトのために設計された機能を使って Web を構築・開発できる**ようになります。

CSS1 と CSS2 の仕様をまとめ、CSS グリッドのテンプレート機能を提案した Bert Bos、CSS グリッドの仕様をまとめた Google の Tab Atkins および招聘専門家の Elika J. Etemad は次のように述べています。

> 個々の要素のマージンなどで配置を調整するわけではない、新しいレイアウトモデルを手に入れました。レイアウトを最初に設計し、そのレイアウトに要素を配置していくモデルです。
> —— Bert Bos
>
> これは CSS において私たちがこれまでに発明した最も強力なレイアウトツールです。ページのレイアウトが非常に簡単になります。
> —— Tab Atkins
>
> CSS グリッドは、基本的なレイアウトを構築するために必要だった複雑な作業を完全に不要にします。あなたは CSS エンジンと直接対話ができるのです。
> —— Elika J. Etemad
>
> **The Story of CSS Grid, from Its Creators**
> https://alistapart.com/article/the-story-of-css-grid-from-its-creators/

以上が、CSS グリッドで構築するグリッドとレイアウトの特徴です。

2.7 2つのレイアウトシステム

Grid Layout

ここまでに見てきたことから、現在の Web には「フローレイアウト」と「CSS グリッド」という、明確にルールや考え方の異なる 2 つのレイアウトシステムがあることがわかります。

レイアウトの制御には、フローレイアウトでは要素ごとの設定と相互関係を、CSS グリッドではグリッドを使用します。フローレイアウトと同じように要素の設定と相互関係で制御する「フレックスボックス」や「テーブル」などは、フローレイアウトを拡張するものと考えることができます。

Layout System

Flow
フローレイアウト

要素ごとの設定と相互関係で
レイアウトを制御するもの

Flex
フレックスボックス

Table
テーブル

Ruby
ルビ

CSS Grid
CSSグリッド

グリッドで
レイアウトを制御するもの

display プロパティでは、これらはすべて「レイアウトモデル」として処理されます。標準ではすべての要素がフローレイアウトを使ったレイアウトになるため、レイアウトモデルを切り替えるには display で明示的に指定します。たとえば、CSS グリッドを使う場合は「display: grid」と指定します。

```
.grid {
    display: grid;
}
```

フローレイアウトの中にフレックスボックスや CSS グリッドを使ったレイアウトを組み込むと、次のようにレイアウトモデルが切り替わります。

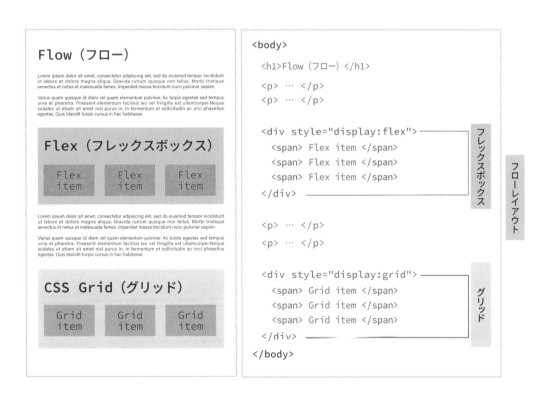

なお、「display: flex」や「display: grid」を適用しても、フレックスボックスや CSS グリッドのルールでレイアウトされるのはその子要素に限られます。子要素の中身（孫要素）はそのままはフローレイアウトでレイアウトされますので注意が必要です。

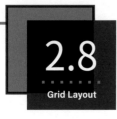

CSSグリッドを活用するために

CSS グリッドが Web レイアウトの根本であるフローレイアウトと並ぶ存在だということが見えてきたでしょうか。そして、フレックスボックスとの比較は、CSS グリッドのほんの一部をクローズアップしていたに過ぎないということも。

このあたりの関係性が見えてくると、フレックスボックスと CSS グリッドの使い分けが単に 1 次元、2 次元といったことではないということをおわかりいただけるかと思います。

そのため、次の章からは CSS グリッドを使って実際にレイアウトを行いながら、その機能を解説していきたいと思います。その際、できる限りフローレイアウトに頼らない形で進めていきます。CSS グリッドを使えば、フローレイアウトのように膨大で細かなルールを知らなくても、目的のレイアウトにたどり着けるからです。

もちろん、フローレイアウトのほうがスマートなケースもありますし、スタイリングの好みの問題もあります。そういった箇所は、好みのスタイリングにどんどん置き換えていただければと思います。CSS グリッドであれば、まわりの要素のことを気にする必要はありませんので。

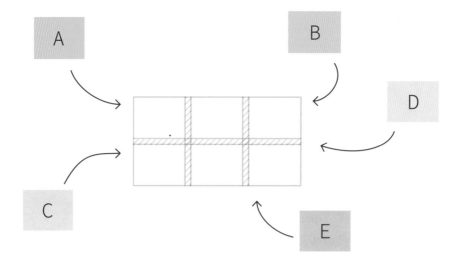

displayのマルチキーワード構文（2値構文）

display プロパティのマルチキーワード構文（2 値構文とも呼ばれる）は、2023 年に Chrome と Edge が対応したことで Firefox と Safari を含む主要ブラウザが対応済みとなり、ようやく使えるようになりました。

マルチキーワード構文では、１つ目の値として「外から見たその要素自身のフローレイアウト内での役割（どのようにレイアウトされるか）」と、２つ目の値として「要素内で使用するレイアウトモデル」を指定します。

```
display: < アウター・ディスプレイタイプ >　< インナー・ディスプレイタイプ >
```

外から見たその要素自身の
フローレイアウト内での役割

を指定

指定できる役割

・block

・inline

・run in

要素内で使用するレイアウトモデル

を指定

指定できるレイアウトモデル

・flow　　　・flex

・flow-root　・grid

・table　　　・ruby

CSSグリッドを使用する「display: grid」をマルチキーワード構文で記述すると「display: block grid」となり、外から見たその要素自身の役割を「ブロック要素（block）」、要素内で使用するレイアウトモデルを「CSSグリッド（grid）」と指定したことになります。

```
display: grid      =      display: block grid
```

「display: block」の場合は「display: block flow」となり、外から見たその要素自身の役割を「ブロック要素（block）」、要素内で使用するレイアウトモデルを「フローレイアウト（flow）」と指定したことになります。

```
display: block      =      display: block flow
```

■ マルチキーワード構文が必要になった理由

そもそも、どうしてこのようなマルチキーワード構文が必要になったのでしょうか。CSS1の時点では指定できる値が「外から見たその要素自身のフローレイアウト内での役割」を示すものだけだったので、マルチキーワードである必要がありませんでした。

5.6.1　'display'

Value: block | inline | list-item | none
Initial: block
Applies to: all elements
Inherited: no
Percentage values: N/A

This property describes how/if an element is displayed on the canvas (which may be on a printed page, a computer display etc.).

CSS1のdisplayの規定
（指定できる値はblock、inline、list-item、noneのみでした）
https://www.w3.org/TR/REC-CSS1-961217#display

しかし、CSS2 になると、指定できる値に「table（テーブル）」が追加されます。この値は「要素内で使用するレイアウトモデル」を示すものです。これにより、「外から見たその要素自身のフローレイアウト内での役割」と「要素内で使用するレイアウトモデル」を表す値が混在することになります。

そのあと、フレックスボックスと CSS グリッドが登場すると、値が示すものをもっと明確にする必要性が出てきました。その結果、CSS3 の display ではマルチキーワード構文が導入されることになります。

■ マルチキーワード構文で明示してみる

実際に、P.93 のサンプルですべての要素の display をマルチキーワード構文で明示してみると、次のようになります。

まず、<body> の display はブラウザの UA スタイルシートで「display: block」＝「display: block flow」となるため、<body> 内のレイアウトモデルはフローレイアウトです。

次に、<body> 内に記述した <div> には「display: block grid」と指定しています。これにより、フローレイアウト内にある <div> 自身はブロック要素（block）としてレイアウトされ、<div> 内のレイアウトモデルは CSS グリッドとなります。そして、<div> の子要素である <span> は CSS グリッドでレイアウトされることがわかります。

<span> の display はブラウザの UA スタイルシートにより、「display: inline」＝「display: inline flow」になります。ただし、<span> 自身は CSS グリッド内にいますので、フローレイアウトでの役割を示す「inline」は無効となり、CSS グリッドのグリッドアイテムとして処理されます。一方で、<span> の中身（<div> の孫要素）はフローレイアウトでレイアウトされることがわかります。

■ displayで指定できる値

display で指定できるシングルキーワードとマルチキーワードの値は次のようになっています。

フローレイアウトを使用する値

シングルキーワード	マルチキーワード	生成されるボックス
`block`	`block flow`	ブロック
`inline`	`inline flow`	インライン
`inline-block`	`inline flow-root`	インラインブロック
`flow-root`	`block flow-root`	ブロック（ルート）
`run-in`	`run-in flow`	ランイン
`list-item`	`block flow list-item`	マーカーボックス付きブロック（リストアイテム）

フローレイアウト以外のレイアウトモデルを使用する値

シングルキーワード	マルチキーワード	生成されるボックス
flex	block flex	フレックスコンテナ
grid	block grid	グリッドコンテナ
table	block table	テーブルラッパー
ruby	inline ruby	ルビコンテナ
inline-flex	inline flex	フレックスコンテナ（インライン）
inline-grid	inline grid	グリッドコンテナ（インライン）
inline-table	inline table	テーブルラッパー（インライン）

その他の値

シングルキーワード	マルチキーワード	生成されるボックス
none	–	なし
contents	–	子階層のボックスに置き換え
インターナル値	–	特定のレイアウトモデル内でのみ機能する値。テーブル（table）とルビ（ruby）内で機能する以下の値があります table-row-group | table-header-group | table-footer-group | table-row | table-cell | table-column-group | table-column | table-caption | ruby-base | ruby-text | ruby-base-container | ruby-text-container

なお、grid や flex 以外に CSS3 で追加された flow-root、contents、特殊な扱いになった list-item については次のようになっています。

フローレイアウトのルート：flow-root

レイアウトモデルの値を「flow-root」にした場合、中身はフローレイアウトでレイアウトされます。ただし、フローレイアウトは新規に開始される扱いになり、中身が外側に影響を与えなくなります（マージンが親の外側に出なくなるなど）。これは position で絶対位置指定したときや、ハックで clearfix（クリアフィックス）を適用したときと同じ処理です。

たとえば、P.26 のサンプルで \<div\> の display を「block flow-root」にすると、子要素のマージンが \<div\> の外に飛び出さなくなるのがわかります。

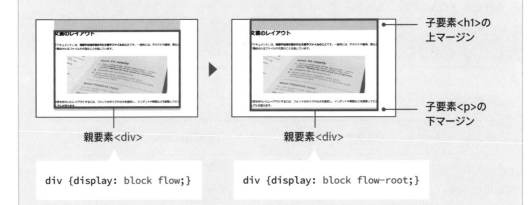

子要素\<h1\>の
上マージン

子要素\<p\>の
下マージン

親要素\<div\>　　　　　親要素\<div\>

```
div {display: block flow;}        div {display: block flow-root;}
```

マーカーボックス（リストアイテム）：list-item

マルチキーワード構文で 3 つ目の値として「list-item」キーワードを追加すると、その要素にはリストマークを表示するマーカーボックス ::marker が付加されます。ただし、CSS3 ではレイアウトモデルがフローレイアウトの場合にのみ指定できることになっています。

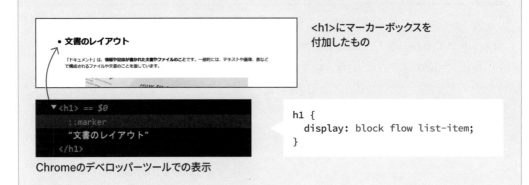

\<h1\>にマーカーボックスを
付加したもの

```
h1 {
    display: block flow list-item;
}
```

Chromeのデベロッパーツールでの表示

子階層のボックスに置き換え：contents

display を「contents」と指定すると、その要素自身のボックスは生成せず、子階層のボックスを生成します。これは、要素の中身の階層を 1 つ繰り上げることになり、実現したいレイアウトに応じて複雑なネスト構造が必要になるフレックスボックスで活用できます。

たとえば、P.68 のサンプルではモバイルのレイアウトを実現するため、見出しとボタンを <div class="felx2"> でグループ化しました。しかし、この <div class="felx2"> がなければ、デスクトップのレイアウトは <div class="flex"> のフレックスボックスだけで実現できます。

```
<div class="flex">
    <figure>
        <img src="boots.jpg" alt="" width="1980" height="1512" />
    </figure>

    <div class="flex2">
        <h2>Brown Leather Boots</h2>
        <button> カートに入れる </button>
    </div>
</div>
```

```
.flex {
    display: flex;
    align-items: center;
}

.flex2 {
    display: flex;
    flex-grow: 1;
    align-items: center;
    margin-left: 20px;
}

button {
    margin-left: auto;
}
```

```
@media (width < 600px) {
    .flex2 {
        flex-direction: column;
        align-items: flex-start;
    }

    button {
        width: 100%;
        margin-top: 24px;
    }
}
```

2

Grid Layout

そこで、デスクトップのレイアウトでは <div class="flex2"> に「display: contents」を適用します。これで画像 <figure>、見出し <h2>、ボタン <button> が同一階層にいるものとして扱われ、<div class="flex"> のフレックスボックスで横並びにできます。表示結果は維持したまま、不要なフレックスボックスを作る必要がなくなります。

```css
.flex {
    display: flex;
    align-items: center;
}

.flex2 {
    display: contents;
}

figure {
    margin-right: 20px;
}

button {
    margin-left: auto;
}
```

```css
@media (width < 600px) {
    .flex2 {
        display: flex;
        flex-direction: column;
        align-items: flex-start;
    }

    button {
        width: 100%;
        margin-top: 24px;
    }
}
```

ただし、display: contents を適用した要素のスタイルは適用されなくなります。ボックスがまるまる１つなくなるわけですから、それを前提に考えておく必要があります。

ここでは <div class="flex2"> に適用していた右マージン（margin-right: 20px）が適用されなくなるため、画像 <figure> に適用する形に修正しています。ネストしたときの構成も考慮しながら、マージンの設定は gap（P.140）に置き換えてもよいでしょう。

基本のグリッド

CSS Grid

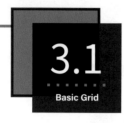

3.1 グリッドを構成するもの

Basic Grid

ここからは CSS グリッドを使ってレイアウトを構築していきます。そのために、グリッドを構成するものとその名称を確認しておきます。

CSS グリッドを使ったレイアウトは、グリッドを構成する「**グリッドコンテナ**」と、グリッドに配置する「**グリッドアイテム**」で構築します。HTML ではグリッドコンテナにした要素の中身（子要素）がグリッドアイテムとなり、CSS グリッドのルールでレイアウトされます。このとき、**子要素の元の種類（ブロック要素、インラインレベル要素、テキスト）の区別はなくなり、「グリッドアイテム」というブロック要素に相当するものとして扱われます。**

なお、グリッドアイテムの中身（グリッドコンテナの孫要素）はフローレイアウトのルールでレイアウトされ、ブロック要素やインラインレベル要素などが区別されますので注意が必要です。

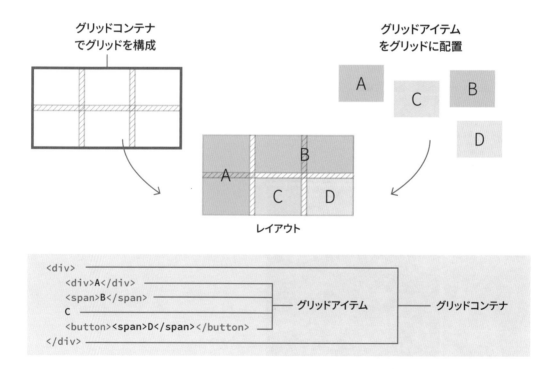

グリッドコンテナ内では縦・横の「**グリッドライン**」を引いてグリッドを構成します。たとえば、次の図では縦のラインを 4 本、横のラインを 3 本引いています。これにより、3 列× 2 行のグリッドが構成されます。

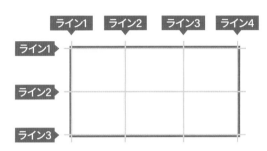

グリッドの各列や各行は「**グリッドトラック**」、列と行のトラックの交点が作り出す空間は「**グリッドセル**」と呼ばれます。セルはアイテムの配置先となる最小単位です。1 つまたは複数のセルが構成する四角形の空間は「**グリッドエリア**」と呼ばれ、エリアにアイテムを配置していくことでさまざまなレイアウトを構築します。

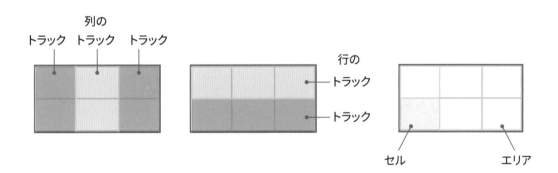

また、トラックの間には「**ガター（ギャップ）**」と呼ばれる余白を入れることができます。ガターはグリッドラインの太さとみなすことが可能です。

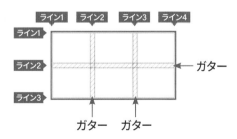

3

Basic Grid

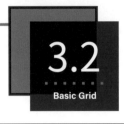

3.2
Basic Grid

3タイプのグリッドでテキストと画像を並べる

CSS グリッドは、P.78 のように CSS グリッドに取り入れられた 3 つの概念「トラック」「ライン」「テンプレート」に基づいて利用できます。そのため、本章ではこれらに基づいて 3 タイプのグリッドを作成し、次のようにテキストと画像を並べるレイアウトを構築しながら、CSS グリッドの基本的な機能を確認していきます。

テキストと画像を
サイズを変えながら並べるレイアウト

3タイプのグリッドの違い

注意が必要なのは、どのタイプのグリッドを使用しても「ラインを引いてグリッドを構成する」という仕組みは同じということです。右ページのように 3 タイプの完成形を比較すると、それぞれのコードも「ライン」がベースとなっていることがわかります。

3 タイプのグリッドの大きな違いは**「どこに注目して、どういう考え方で使うか」**です。それに応じて、グリッドの構成時に使用するオプションや、アイテムの配置に使用する方法が変わってきます。

こうしたオプションや配置の方法はどのタイプでも使用できます。そのため、さまざまなレイアウトを構築する際には、要件に応じて各タイプの便利なところを組み合わせたり、自動生成や自動配置を取り入れて設定を簡略化するなどして活用します。ただ、これら 3 タイプの考え方が基本となることに変わりはありませんので、「ライン」から順に見ていきます。

■ ライン

行列を構成するラインに注目してグリッドを用意し、アイテムも「○番目から○番目のラインの間に配置する」という考え方で使います。

```
.grid {
    display: grid;
    grid-template-columns: 20% 20% auto 200px;
    grid-template-rows: 360px 180px;
    gap: 10px;
}

.item1 {
    grid-column: 1 / 2;
    grid-row: 1 / 2;
}

.item2 {
    grid-column: 2 / 4;
    grid-row: 1 / 2;
}
…略…
```

■ トラック（カラム）

列を構成するトラック（カラム）に注目してグリッドを用意し、アイテムも「○トラック分（○カラム分）に配置する」という考え方で使います。

```
.grid {
    display: grid;
    grid-template-columns: repeat(12, 1fr);
    grid-template-rows: 360px 180px;
    gap: 10px;
}

.item1 {
    grid-column: span 3;
}

.item2 {
    grid-column: span 6;
}
…略…
```

■ テンプレート（エリア）

行列が構成する「エリア」に注目してエリア名を割り当てたグリッドを用意し、アイテムも「○エリアに配置する」という考え方で使います。

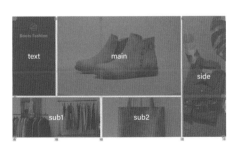

```
.grid {
    display: grid;
    grid-template-columns: 20% 20% auto 200px;
    grid-template-rows: 360px 180px;
    grid-template-areas:
        "text main main side"
        "sub1 sub1 sub2 side";
    gap: 10px;
}

.item1 {
    grid-area: text;
}

.item2 {
    grid-area: main;
}
…略…
```

3

Basic Grid

107

サンプルのためのセット

CSS グリッドを使ったレイアウト構築に集中して作業できるようにするため、本書ではサンプル作成時に使用するセットを用意しました。必要な HTML と CSS の初期設定はその中で済ませています。

各サンプルは assets フォルダと同じ階層に base フォルダをコピーし、base フォルダ内の index.html と style.css にコードを追加して構築していきます。画像ファイルは assets フォルダに収録したものを使用します。

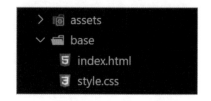

```html
<!DOCTYPE html>
<html lang="ja">
    <head>
        <meta charset="UTF-8" />
        <meta name="viewport" content="width=device-width, initial-scale=1.0" />
        <title>Document</title>
        <link rel="stylesheet" href="../assets/reset.css" />      ← assets内のCSSを適用
        <link rel="stylesheet" href="../assets/base.css" />
        <link rel="stylesheet" href="style.css" />               ← style.cssを適用
    </head>
    <body>
        <!-- ここから -->                                         ← HTMLの設定はここに記述

        <!-- ここまで -->
    </body>

    <script src="../assets/base.js"></script>                    ← assets内のJavaScriptを適用
</html>                                                             （P.306のフォーム用）
```

index.html

```css
@charset "utf-8";

/* ================

レイアウトの設定

================ */

/* ここから */                                                    ← CSSの設定はここに記述

/* ここまで */
```

style.css

このセットは本書のダウンロードデータ（P.9）に収録してあります。セットで設定済みのHTMLとCSSの初期設定の内容については、ダウンロードデータ内のPDFを参照してください。また、ダウンロードデータには各サンプルの完成コードも収録していますので、参考にしてください。Chapter 4以降のサンプルもこのセットを使って構築していきます。

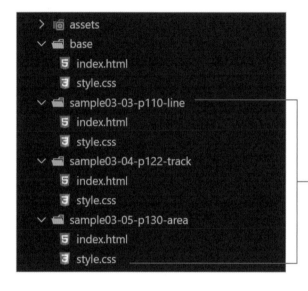

Chapter 3で構築するサンプル
（3タイプの基本のグリッド）

※それぞれ、baseフォルダを
　コピーして構築しています

■ ページまわりの余白

ページまわりの余白（<body>のマージン）は、セットに用意したリセットCSSで削除されます。ページまわりに余白を入れたい場合には、<body>に .padding-small クラスを追加してください。このクラスもセットの初期設定としてあらかじめ用意してあります。

```
…略…
  <body class="padding-small">
    <!-- ここから -->

    <!-- ここまで -->
  </body>
</html>
```

3.3
Basic Grid

基本のグリッド ── ライン

5本の列のラインと、3本の行のラインを引いて4列×2行のグリッドを構成します。テキストと画像はライン番号を使って配置していき、レイアウトを構築します。

なお、列のライン1〜4で構成した3列のトラックは、画面幅に合わせて伸縮するトラックサイズ（横幅）に設定し、画面幅の変化に対応しています。レスポンシブでテキストと画像の配置を変える設定はP.120で追加します。

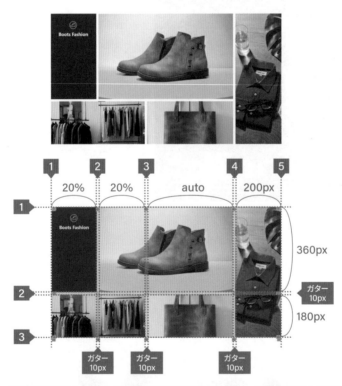

HTML ではグリッドを構成する <div class="grid"> を用意し、その中にグリッドに配置するテキスト <h2> と 4 つの画像 <img> を記述します。これらには item1 〜 item5 のクラスを指定し、配置の制御に使います。

CSS の設定については順番に見ていきます。

```
<!-- ここから -->
<div class="grid">
    <h2 class="item1 boots-logo">Boots Fashion</h2>
    <img class="item2 img-fill" src="../assets/img/boots.jpg" alt="" width="1980" height="1512" />
    <img class="item3 img-fill" src="../assets/img/shirts.jpg" alt="" width="1320" height="1980" />
    <img class="item4 img-fill" src="../assets/img/shop.jpg" alt="" width="1600" height="1144" />
    <img class="item5 img-fill" src="../assets/img/bag.jpg" alt="" width="1320" height="1980" />
</div>
<!-- ここまで -->
```

index.html

※boots-logoはテキストにロゴを付けたデザインにするクラス、img-fillは画像を配置先に合わせたサイズにするクラスで、P.108のセットにあらかじめ用意してあります。

```
/* ここから */

.grid {
    display: grid;
    grid-template-columns:
            20% 20% auto 200px;
    grid-template-rows:
            360px 180px;
    gap: 10px;
}

.item1 {
    grid-column: 1 / 2;
    grid-row: 1 / 2;
}

.item2 {
    grid-column: 2 / 4;
    grid-row: 1 / 2;
}

.item3 {
    grid-column: 4 / 5;
    grid-row: 1 / 3;
}

.item4 {
    grid-column: 1 / 3;
    grid-row: 2 / 3;
}

.item5 {
    grid-column: 3 / 4;
    grid-row: 2 / 3;
}

/* ここまで */
```

style.css

❶ラインを使ってグリッドを構成する

CSS の設定を順番に追加しながら、グリッドの構成手順を見ていきます。

■ レイアウトモデルを切り替える

まず、<div class="grid"> でグリッドを構成するため、display を「grid」（マルチキーワードでは「block grid」）と指定し、レイアウトシステムをフローレイアウトから CSS グリッドに切り替えます。これで <div> がグリッドコンテナ、中身のテキストと画像がグリッドアイテムとなります。フローレイアウトから何も変化していないように見えますが、この段階で <div> ではアイテムの数に応じたグリッドが自動生成されています。標準では行が自動生成されるため、ここでは1列 × 5 行のグリッドになります。5 つのアイテムは各セルに自動配置されます。

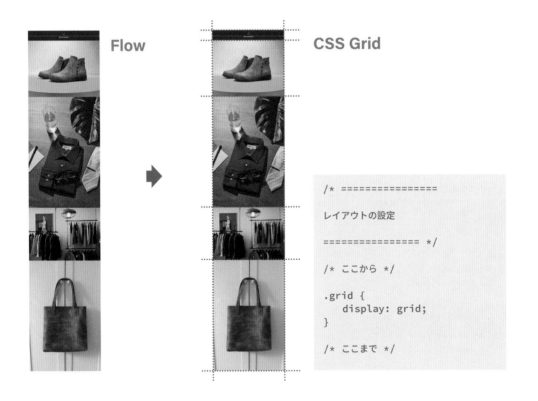

Flow　　　　**CSS Grid**

```
/* ================

レイアウトの設定

================ */

/* ここから */

.grid {
    display: grid;
}

/* ここまで */
```

■ ラインの構成を指定する

\<div\> のグリッドをどのような構成にするかは、縦横のラインで指定します。ただし、ラインを直接設定する機能は用意されていないので、トラックを設定することでラインを設定していきます。

grid-template-columns で列のトラックサイズ（各トラックの横幅）を指定します。すると、列のトラックが設定された結果として、列のラインが設定されます。同様に、grid-template-rows で行のトラックサイズ（各トラックの高さ）を指定すると、行のトラックが設定された結果として行のラインが設定されます。

トラックサイズの指定はスペースで区切ります。たとえば、列のトラックサイズは「20% 20% auto 200px」と指定しているため、5 本の列のラインが引かれます。行のトラックサイズは「360px 180px」と指定しているため、3 本の行のラインが引かれます。

これにより、グリッドは次のような 4 列× 2 行の構成になります。そして、5 つのアイテムは左から右、上から下へと各セルに自動配置されます。

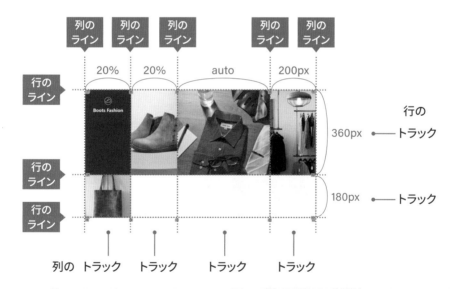

```
.grid {
    display: grid;
    grid-template-columns: 20% 20% auto 200px;
    grid-template-rows: 360px 180px;
}
```

■ ライン番号を確認する

各ラインには自動的にライン番号が割り振られます。列のラインには左から、行のラインには上から順に正の番号が、逆サイドからは負の番号が割り振られ、次のようになっています。この番号はアイテムの配置を指定するのに使用するため、きちんと確認しておきます。

Chrome のデベロッパーツールを使用すると、グリッドの構成といっしょにライン番号も表示して確認できます。確認方法については P.312 の Appendix を参照してください。

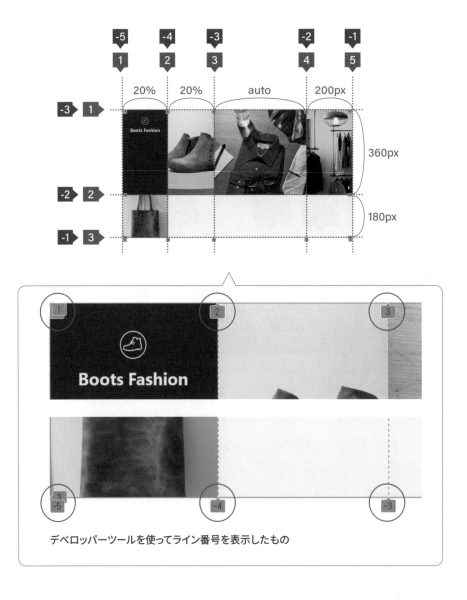

デベロッパーツールを使ってライン番号を表示したもの

ライン名をつける

ラインにライン名をつけると、ライン番号とともにアイテムの配置に使用できます。ライン名は grid-template-columns と grid-template-rows で設定したトラックの間に [ ] を挿入して指定します。複数のライン名の指定はスペースで区切ります。なお、ライン名に「span」と「auto」キーワードは使用できません。

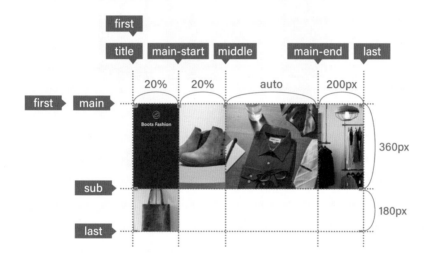

```
.grid {
   display: grid;
   grid-template-columns:
     [first title] 20% [main-start] 20% [middle] auto [main-end] 200px [last];
   grid-template-rows: [first main] 360px [sub] 180px [last];
}
```

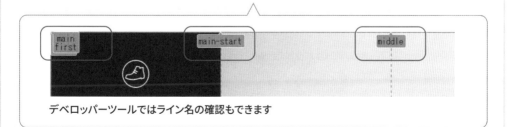

デベロッパーツールではライン名の確認もできます

■ ガターを指定する

トラックの間に入れるガターは gap で指定します。ここでは 10 ピクセルのガターを入れています。
列のライン 2、3、4 と、行のライン 2 が太くなります。

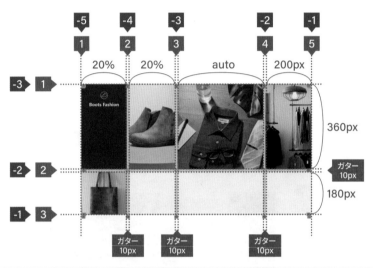

```
.grid {
    display: grid;
    grid-template-columns: 20% 20% auto 200px;
    grid-template-rows: 360px 180px;
    gap: 10px;
}
```

• • •

以上でグリッドの構成は完了です。続けて、アイテムの配置を指定していきます。

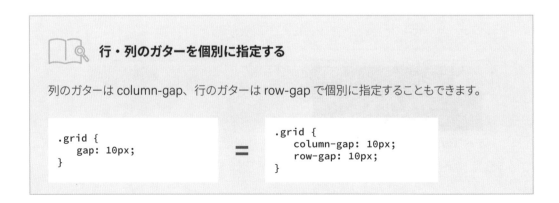

❷ ラインを使ってアイテムを配置する

アイテムをグリッドのどこに配置するかは、ライン番号を使って指定します。アイテムごとに grid-column で列の配置先を、grid-row で行の配置先をライン番号で指定します。

ライン番号は「**配置を開始するライン番号 / 配置を終了するライン番号**」という形で指定します。たとえば、ブーツの画像 .item2 は列のライン 2 〜 4 の間に配置するため、grid-column で列の配置先を「2 / 4」と指定しています。行の配置先は行のライン 1 〜 2 の間にするため、grid-row を「1 / 2」と指定しています。他のアイテムも同じようにライン番号で列と行の配置先を指定しています。

```
/* ここから */

.grid {
    display: grid;
    grid-template-columns:
        20% 20% auto 200px;
    grid-template-rows:
        360px 180px;
    gap: 10px;
}

.item1 {
    grid-column: 1 / 2;
    grid-row: 1 / 2;
}

.item2 {
    grid-column: 2 / 4;
    grid-row: 1 / 2;
}

.item3 {
    grid-column: 4 / 5;
    grid-row: 1 / 3;
}

.item4 {
    grid-column: 1 / 3;
    grid-row: 2 / 3;
}

.item5 {
    grid-column: 3 / 4;
    grid-row: 2 / 3;
}

/* ここまで */
```

.item1
列のライン1〜2
行のライン1〜2

.item3
列のライン4〜5
行のライン1〜3

.item2
列のライン2〜4
行のライン1〜2

.item4
列のライン1〜3
行のライン2〜3

.item5
列のライン3〜4
行のライン2〜3

3

Basic Grid

117

「配置を終了するライン番号」の指定を省略する

配置を終了するラインが開始ラインの隣のラインだった場合、「配置を終了するライン番号」の指定は省略できます。サンプルの設定で省略してみると次のようになります。配置先が複数のセルにまたがる指定以外は省略できます。

```
…略…
.item1 {
  grid-column: 1;
  grid-row: 1;
}

.item2 {
  grid-column: 2 / 4;
  grid-row: 1;
}

.item3 {
  grid-column: 4;
  grid-row: 1 / 3;
}
```

```
.item4 {
  grid-column: 1 / 3;
  grid-row: 2;
}

.item5 {
  grid-column: 3;
  grid-row: 2;
}

/* ここまで */
```

行の「配置を終了するライン番号」を
省略できないアイテム（.item3）

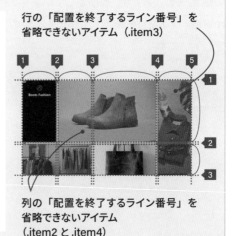

列の「配置を終了するライン番号」を
省略できないアイテム
（.item2 と .item4）

 「配置を開始・終了するライン番号」を個別に指定する

配置を開始・終了するライン番号は grid-column-start、grid-column-end、grid-row-start、grid-row-end で個別に指定することもできます。

```
.item2 {
    grid-column: 2 / 4;
    grid-row: 1 / 2;
}
```

=

```
.item2 {
    grid-column-start: 2
    grid-column-end: 4;
    grid-row-start: 1;
    grid-row-end: 2;
}
```

ライン名で配置を指定する

アイテムの配置はライン番号だけでなく、ライン名でも指定できます。たとえば、P.115 で指定したライン名を使うと次のようになります。

使い方はライン番号と同じです。ただし、ライン名を「○ -start」「○ -end」と指定したラインの間に配置する場合、配置先は「○ -start / ○ -end」と指定できるのはもちろん、省略して「○」とだけ指定することも可能です。ここではブーツの画像 .item2 の grid-column を「main」と指定し、列のライン main-start ～ main-end を列の配置先にしています。

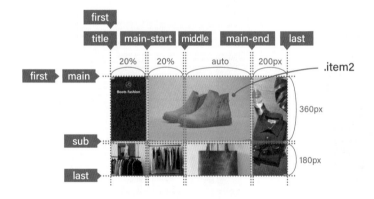

```
.grid {
    display: grid;
    grid-template-columns:
        [first title] 20% [main-start] 20% [middle] auto [main-end] 200px [last];
    grid-template-rows: [first main] 360px [sub] 180px [last];
    gap: 10px;
}
```

```
.item1 {
    grid-column: title;
    grid-row: main;
}

.item2 {
    grid-column: main;
    grid-row: main;
}

.item3 {
    grid-column: main-end;
    grid-row: first / last;
}
```

```
}

.item4 {
    grid-column: first / middle;
    grid-row: sub;
}

.item5 {
    grid-column: middle / main-end;
    grid-row: sub;
}
```

❸ レスポンシブでレイアウトを変える

グリッドは画面幅に合わせて横幅が変わるようにしていますが、小さい画面幅ではレイアウトが窮屈な印象になります。そのため、レスポンシブでテキストや画像の配置を変更します。最小限の変更で対応する場合、できるだけ既存のライン構成とアイテムの配置をそのまま使用することを考えます。

ここでは列1〜4、行1〜3のライン構成をそのまま使用することにします。列のライン5は削除し、代わりに行のライン4を追加します。それに合わせて、3つのアイテム（.item1、.item3、.item4）の配置を変更すれば完成です。

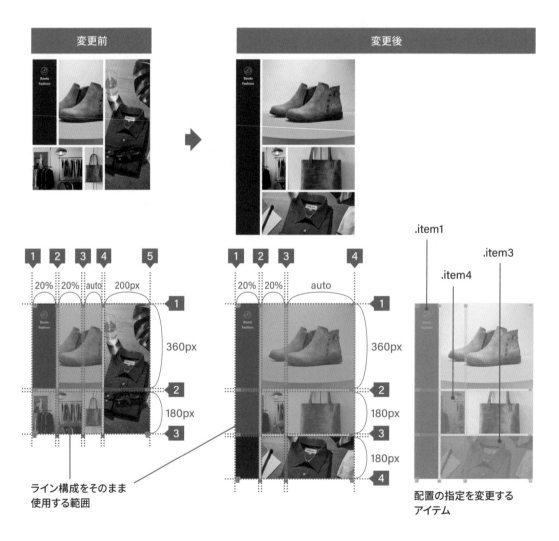

ライン構成をそのまま
使用する範囲

配置の指定を変更する
アイテム

CSS はメディアクエリ @media を使用して次のように指定します。ここでは画面幅が 768 ピクセル以下の場合に、ライン構成と 3 つのアイテムの配置を変更しています。

なお、.item1 の行の配置先は「1 / 4」ではなく、負のライン番号を使用して「1 / -1」と指定しています。これにより、行のラインを増減しても常に最初の行のラインから最後の行のラインまでが配置先になります。

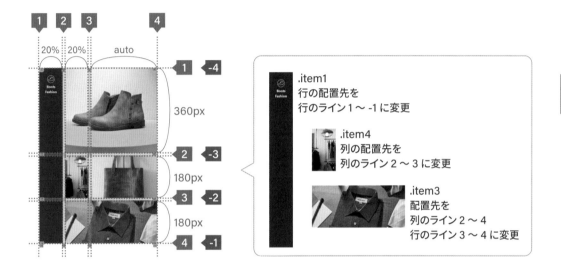

```
/* ここから */
.grid {
    display: grid;
    grid-template-columns:
            20% 20% auto 200px;
    grid-template-rows:
            360px 180px;
    gap: 10px;
}

.item1 {
    grid-column: 1 / 2;
    grid-row: 1 / 2;
}
…略…
.item3 {
    grid-column: 4 / 5;
    grid-row: 1 / 3;
}

.item4 {
    grid-column: 1 / 3;
    grid-row: 2 / 3;
}
…略…
```

```
@media (width <= 768px) {
    .grid {
        grid-template-columns:
                20% 20% auto;
        grid-template-rows:
                360px 180px 180px;
    }

    .item1 {
        grid-row: 1 / -1;
    }

    .item3 {
        grid-column: 2 / 4;
        grid-row: 3 / 4;
    }

    .item4 {
        grid-column: 2 / 3;
    }
}
/* ここまで */
```

3

Basic Grid

121

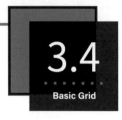

3.4
Basic Grid

基本のグリッド ── トラック（カラム）

グリッドコンテナを列のトラックで等分割にしてグリッドを構成します。このように構成したグリッドは「カラムグリッド」と呼ばれます。ここでは 12 等分にして 12 列のトラックを用意し、「12 カラムグリッド」にします。行のトラックはレイアウトに合わせて 2 つ用意し、12 列× 2 行の構成にしています。

なお、列のトラックは画面幅に合わせて伸縮するトラックサイズ（横幅）に設定し、画面幅の変化に対応しています。レスポンシブでテキストと画像の配置を変える設定は P.128 で追加します。

1fr 1fr 1fr 1fr 1fr 1fr 1fr 1fr 1fr 1fr 1fr 1fr

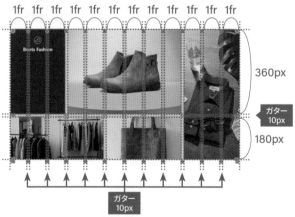

360px

ガター
10px

180px

ガター
10px

HTML & CSS

HTML は P.110 の基本のグリッド「ライン」と同じです。グリッドを構成する <div class="grid"> を用意し、その中にグリッドに配置する 5 つのアイテム（.item1 ～ .item5）を記述しています。

CSS の設定については順番に見ていきます。

```html
<!-- ここから -->
<div class="grid">
  <h2 class="item1 boots-logo">Boots Fashion</h2>
  <img class="item2 img-fill" src="../assets/img/boots.jpg" alt="" width="1980" height="1512" />
  <img class="item3 img-fill" src="../assets/img/shirts.jpg" alt="" width="1320" height="1980" />
  <img class="item4 img-fill" src="../assets/img/shop.jpg" alt="" width="1600" height="1144" />
  <img class="item5 img-fill" src="../assets/img/bag.jpg" alt="" width="1320" height="1980" />
</div>
<!-- ここまで -->
```

※boots-logoはテキストにロゴを付けたデザインにするクラス、img-fillは画像を配置先
に合わせたサイズにするクラスで、P.108のセットにあらかじめ用意してあります。

index.html

```css
/* ここから */

.grid {
    display: grid;
    grid-template-columns: repeat(12, 1fr);
    grid-template-rows: 360px 180px;
    gap: 10px;
}

.item1 {
    grid-column: span 3;
}

.item2 {
    grid-column: span 6;
}

.item3 {
    grid-column: span 3;
    grid-row: span 2;
}

.item4 {
    grid-column: span 5;
}

.item5 {
    grid-column: span 4;
}

/* ここまで */
```

style.css

❶ トラックを使ってグリッドを構成する

CSS の設定を順番に追加しながら、グリッドの構成手順を見ていきます。

■ トラックの構成を指定する

<div class="grid"> には「display: grid」（マルチキーワードでは「display: block grid」）を適用し、レイアウトシステムを CSS グリッドに切り替えてグリッドコンテナにします。どのようなグリッドを構成するかは、トラックで設定します。トラックの設定には P.113 と同じ grid-template-columns と grid-template-rows を使います。

grid-template-columns では列のトラックサイズ（各トラックの横幅）を指定します。ここではコンテナの横幅を 12 等分にして 12 列のトラックを用意するため、repeat() を使って「repeat(12, 1fr)」と指定しています。これにより、トラックサイズが「1fr」のトラックが 12 列作成されます。fr は fraction（比・割合）の略で、コンテナ内のスペースを比率で配分するフレキシブルな単位です。各トラックはコンテナの横幅を 12 等分したサイズになります。

行のトラックサイズ（各トラックの高さ）は grid-template-rows で指定します。ここでは「360px 180px」と指定し、グリッドを次のような 12 列×2 行の構成にしています。5 つのアイテムは各セルに自動配置されます。

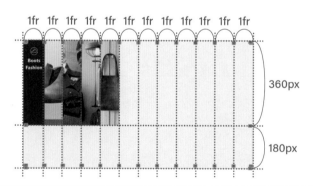

```
/* ここから */
.grid {
    display: grid;
    grid-template-columns: repeat(12, 1fr);
    grid-template-rows: 360px 180px;
}
/* ここまで */
```

124

■ ガターを指定する

gap でトラックの間に入れるガターを指定します。ここでは 10 ピクセルのガターを入れます。

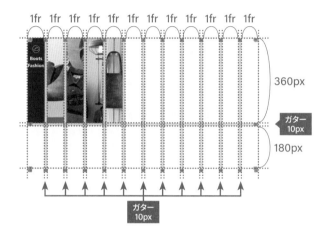

```
/* ここから */
.grid {
    display: grid;
    grid-template-columns: repeat(12, 1fr);
    grid-template-rows: 360px 180px;
    gap: 10px;
}
/* ここまで */
```

・　・　・

以上でグリッドの構成は完了です。続けて、アイテムの配置を指定していきます。

❷ トラックを使ってアイテムを配置する

アイテムの配置は、配置に必要なトラック数（トラックいくつ分を配置に使うか）で指定します。「どこから」のトラック数なのかは指定せず、自動配置の順番にまかせるのがポイントです。

トラック数は「**span 数**」という形で、アイテムごとに grid-column で列のトラック数を、grid-row で行のトラック数を指定します。たとえば、シャツの画像 .item3 は 3 列分の列のトラックを使って配置するため、grid-column を「span 3」と指定しています。行のトラックは 2 行分を使って配置するため、grid-row を「span 2」と指定しています。

他のアイテムも同じように配置に必要なトラック数を指定しています。ただし、配置に必要な行のトラック数が 1 行のみの場合、「grid-row: span 1」の指定は省略し、列のトラック数のみを指定しています。

```
/* ここから */

.grid {
    display: grid;
    grid-template-columns:
            repeat(12, 1fr);
    grid-template-rows:
            360px 180px;
    gap: 10px;
}

.item1 {
    grid-column: span 3;
}

.item2 {
    grid-column: span 6;
}

.item3 {
    grid-column: span 3;
    grid-row: span 2;
}

.item4 {
    grid-column: span 5;
}

.item5 {
    grid-column: span 4;
}

/* ここまで */
```

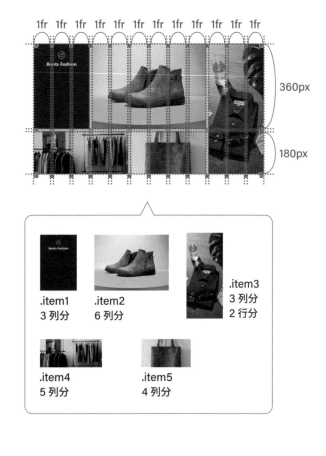

「どこから」のトラック数なのかを指定する場合

span を使った配置の指定で、「どこから」のトラック数なのかを自動配置にまかせずに、明示的に指定することもできます。そのためには、ラインを使用します。

grid-template-columns と grid-template-rows でトラックを設定すると、P.113 のようにラインも設定されます。サンプルで構成した 12 カラムグリッドの場合、縦横に引かれるラインとそのライン番号は以下のようになります。これを利用し、アイテムの配置先をどのラインから何トラック分にするかを「**配置を開始するライン番号 / span 数**」という形で指定します。

たとえば、シャツの画像 .item3 の grid-column を「1 / span 3」と指定すると列のライン 1 から 3 列分のトラックが、grid-row を「1 / span 2」と指定すると行のライン 1 から 2 行分のトラックが配置先となります。

「どこから」を指定していない他のアイテムは、.item3 の配置が決まったあと、残りの空いているトラックを使って自動配置されます。

```
/* ここから */
…略…

.item1 {
    grid-column: span 3;
}

.item2 {
    grid-column: span 6;
}

.item3 {
    grid-column: 1 / span 3;
    grid-row: 1 / span 2;
}

.item4 {
    grid-column: span 5;
}

.item5 {
    grid-column: span 4;
}

/* ここまで */
```

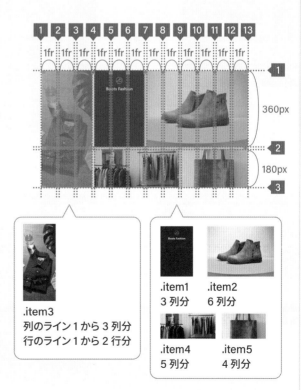

.item3
列のライン 1 から 3 列分
行のライン 1 から 2 行分

.item1　.item2
3 列分　6 列分

.item4　.item5
5 列分　4 列分

❸ レスポンシブでレイアウトを変える

小さい画面ではレスポンシブでレイアウトを変更します。最小限の変更で対応する場合、できるだけ既存のトラックの構成とアイテムの配置をそのまま使用することを考えます。ただし、アイテムの配置は使用するトラック数だけを指定し、自動配置にまかせたものです。そのため、レスポンシブでどのように配置を変えるかも自動配置で実現できる範囲で考えます。

ここではコンテナの横幅を 12 分割にした 12 カラムの構成をそのまま使用することにします。行のトラックは 1 つ増やして 12 列× 3 行の構成にします。それに合わせて、アイテムの配置は次のように変更します。.item4 以外のアイテムは配置に使用するトラック数の変更が必要になります。

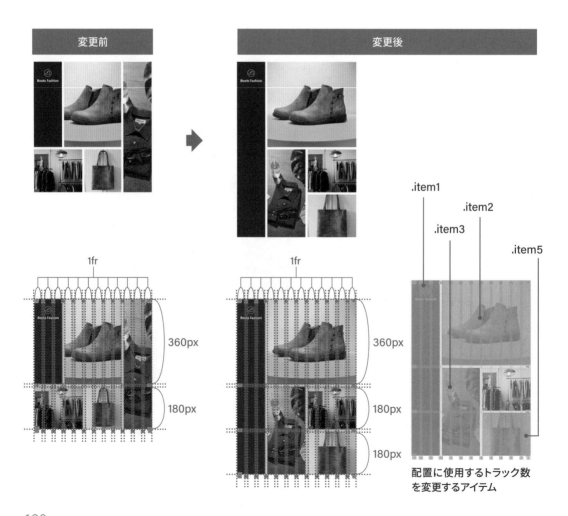

配置に使用するトラック数
を変更するアイテム

CSS はメディアクエリ @media を使用して次のように指定します。ここでは画面幅が 768 ピクセル以下の場合に、トラックの構成とアイテムの配置の設定を変更しています。

```
/* ここから */
.grid {
    display: grid;
    grid-template-columns: repeat(12, 1fr);
    grid-template-rows: 360px 180px;
    gap: 10px;
}

.item1 {
    grid-column: span 3;
}

.item2 {
    grid-column: span 6;
}

.item3 {
    grid-column: span 3;
    grid-row: span 2;
}

.item4 {
    grid-column: span 5;
}

.item5 {
    grid-column: span 4;
}
```

```
@media (width <= 768px) {
    .grid {
        grid-template-rows: 360px 180px 180px;
    }

    .item1 {
        grid-column: span 3; /* 省略可能 */
        grid-row: span 3;
    }

    .item2 {
        grid-column: span 9;
    }

    .item3 {
        grid-column: span 4;
        grid-row: span 2; /* 省略可能 */
    }

    .item5 {
        grid-column: span 5;
    }
}

/* ここまで */
```

3

Basic Grid

3.5
Basic Grid

基本のグリッド
── テンプレート（エリア）

テンプレートの書式でエリアを設定することで、グリッドを構成します。ここでは5つのエリアを設定して、4列×2行のグリッドを構成します。各エリアには5つのアイテムを配置します。

textエリアやmainエリアは画面幅に合わせて伸縮する横幅に設定し、画面幅の変化に対応します。レスポンシブでテキストや画像の配置を変える際には、アイテムの配置先ではなくエリアの構成を変更します。この設定はP.138で追加します。

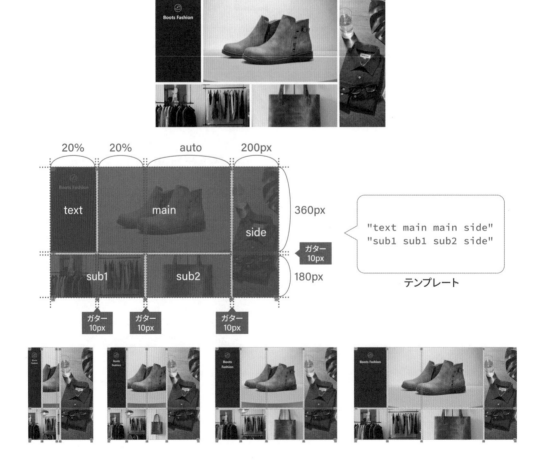

```
"text main main side"
"sub1 sub1 sub2 side"
```

テンプレート

HTML & CSS

HTML は P.110 の基本のグリッド「ライン」と同じです。グリッドを構成する \<div class= "grid"> を用意し、その中にエリアに配置する5つのアイテム（.item1 〜.item5）を記述しています。CSS の設定については順番に見ていきます。

```html
<!-- ここから -->
<div class="grid">
  <h2 class="item1 boots-logo">Boots Fashion</h2>
  <img class="item2 img-fill" src="../assets/img/boots.jpg" alt="" width="1980" height="1512" />
  <img class="item3 img-fill" src="../assets/img/shirts.jpg" alt="" width="1320" height="1980" />
  <img class="item4 img-fill" src="../assets/img/shop.jpg" alt="" width="1600" height="1144" />
  <img class="item5 img-fill" src="../assets/img/bag.jpg" alt="" width="1320" height="1980" />
</div>
<!-- ここまで -->
```

index.html

※boots-logoはテキストにロゴを付けたデザインにするクラス、img-fillは画像を配置先に合わせたサイズにするクラスで、P.108のセットにあらかじめ用意してあります。

```css
/* ここから */

.grid {
    display: grid;
    grid-template-areas:
        "text main main side"
        "sub1 sub1 sub2 side";
    grid-template-columns:
            20% 20% auto 200px;
    grid-template-rows:
            360px 180px;
    gap: 10px;
}

.item1 {
    grid-area: text;
}

.item2 {
    grid-area: main;
}

.item3 {
    grid-area: side;
}

.item4 {
    grid-area: sub1;
}

.item5 {
    grid-area: sub2;
}

/* ここまで */
```

style.css

3

Basic Grid

131

❶エリアを使ってグリッドを構成する

CSS の設定を順番に追加しながら、グリッドの構成手順を見ていきます。

■ エリアの構成を指定する

<div class="grid"> には「display: grid」（マルチキーワードでは「display: block grid」）を適用し、レイアウトシステムを CSS グリッドに切り替えてグリッドコンテナにします。どのようなグリッドを構成するかは、エリアで設定します。設定には grid-template-areas を使います。

grid-template-areas では「テンプレート」と呼ばれるアスキーアート（AA）のような書式を使用し、各セルに割り当てるエリア名を指定します。「"」で囲んだ文字列は行を構成します。文字列内ではスペースで区切ったエリア名で列を構成します。そして、同じエリア名を持つセルは1つのエリアを構成します。

たとえば、次のようにテンプレートでエリア名を指定すると、4 列のトラックと 2 行のトラックでグリッドが構成されるのと同時に、全部で 5 つのエリアが構成されます。

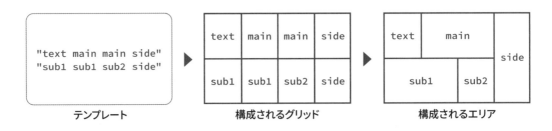

テンプレート　　　　　　構成されるグリッド　　　　　　構成されるエリア

```
/* ここから */

.grid {
    display: grid;
    grid-template-areas:
        "text main main side"
        "sub1 sub1 sub2 side";
}

/* ここまで */
```

表示を確認すると、実際に 4 列×2 行のグリッドが構成され、5 つのエリアが設定されることがわかります。ただし、この段階ではアイテムの配置先を指定していないので、5 つのアイテムは各セルに自動配置されます。

なお、Chrome のデベロッパーツールではグリッドの構成といっしょにエリアの構成も確認できます。確認方法については P.312 の Appendix を参照してください。

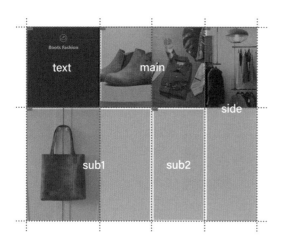

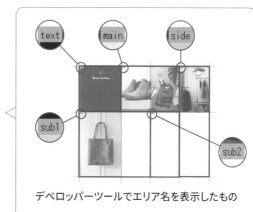

デベロッパーツールでエリア名を表示したもの

 セルにエリア名を割り当てない場合

テンプレートでセルにエリア名を割り当てたくない場合、null セルトークンと呼ばれる「．（ピリオド）」を使います。たとえば、次のように指定すると左下の 3 つのセルではエリアは構成されません。

```
.grid {
    display: grid;
    grid-template-areas:
        "text main main side"
        ". . . side";
}
```

text	main	main	side
			side

構成されるグリッド

構成されるエリア

■ エリアのサイズを指定する

エリアのサイズは列と行のトラックサイズで指定します。トラックサイズの指定には P.113 と同じ grid-template-columns と grid-template-rows を使います。

ここでは grid-template-columns で列のトラックサイズ（各トラックの横幅）を「20% 20% auto 200px」、grid-template-rows で行のトラックサイズ（各トラックの高さ）を「360px 180px」と指定しています。

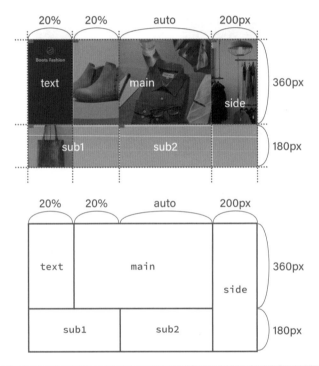

```
/* ここから */

.grid {
    display: grid;
    grid-template-areas:
        "text main main side"
        "sub1 sub1 sub2 side";
    grid-template-columns: 20% 20% auto 200px;
    grid-template-rows: 360px 180px;
}

/* ここまで */
```

エリアとトラックサイズをまとめて指定する

grid-template を使用すると、エリア（grid-template-areas）と行・列のトラックサイズ（grid-template-rows、grid-template-columns）は右のようにまとめて指定できます。エリアの設定に対して、行ごとに行のトラックサイズを記述し、列のトラックサイズは「/」で区切って一番最後に記述します。

```
.grid {
  display: grid;
  grid-template:
    "text main main side" 360px
    "sub1 sub1 sub2 side" 180px
    / 20% 20% auto 200px;
}
```

■ エリアの間隔を指定する

エリアの間隔（ガター）は gap で指定します。ここでは 10 ピクセルのガターを入れます。

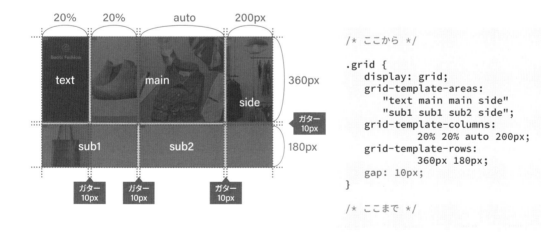

```
/* ここから */

.grid {
    display: grid;
    grid-template-areas:
        "text main main side"
        "sub1 sub1 sub2 side";
    grid-template-columns:
        20% 20% auto 200px;
    grid-template-rows:
        360px 180px;
    gap: 10px;
}

/* ここまで */
```

• • •

以上でエリアとグリッドの構成は完了です。続けて、アイテムの配置を指定していきます。

❷ エリアを使ってアイテムを配置する

アイテムはエリアを使って配置します。grid-area で配置先にするエリア名を指定します。

```
/* ここから */

.grid {
    display: grid;
    grid-template-areas:
        "text main main side"
        "sub1 sub1 sub2 side";
    grid-template-columns:
        20% 20% auto 200px;
    grid-template-rows:
        360px 180px;
    gap: 10px;
}

.item1 {
    grid-area: text;
}

.item2 {
    grid-area: main;
}

.item3 {
    grid-area: side;
}

.item4 {
    grid-area: sub1;
}

.item5 {
    grid-area: sub2;
}

/* ここまで */
```

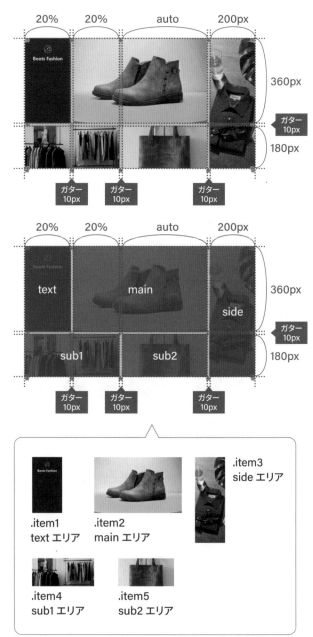

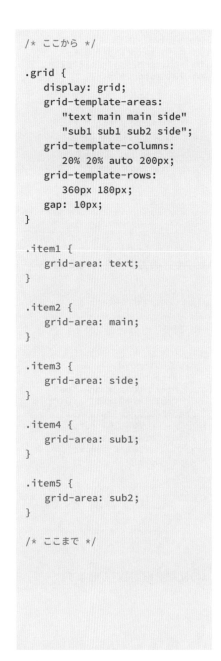

.item1
text エリア

.item2
main エリア

.item3
side エリア

.item4
sub1 エリア

.item5
sub2 エリア

エリア名とライン名とアイテムの配置

grid-template-areas でエリアを構成すると、エリアの 4 辺を構成するラインに「エリア名 -start」「エリア名 -end」というライン名が設定されます。

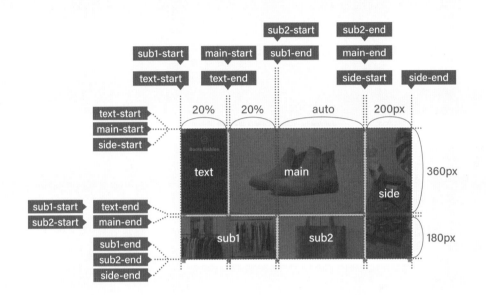

そのため、アイテムの配置は grid-area を使ってエリア名で指定するだけでなく、P.119 のように grid-column と grid-row を使ってライン名で指定することもできます。

```
.item2 {
    grid-area: main;
}
```

∥

```
.item2 {
    grid-column: main;
    grid-row: main;
}
```

または

```
.item2 {
    grid-column: main-start / main-end;
    grid-row: main-start / main-end;
}
```

❸ レスポンシブでレイアウトを変える

小さい画面ではレスポンシブでレイアウトを変更します。ただし、これまでに見てきた「ライン」や「トラック（カラム）」のグリッドと異なり、アイテムの配置先ではなく、エリアの構成を変更します。
アイテムの配置先はエリア名で指定してありますので、それだけでレイアウトが変わります。
基本のグリッドの中では最も簡単にレイアウトを変更できるグリッドと言えるでしょう。

ここでは、次のように 5 つのエリアを 3 列 × 3 行のグリッドで構成するように変更しています。

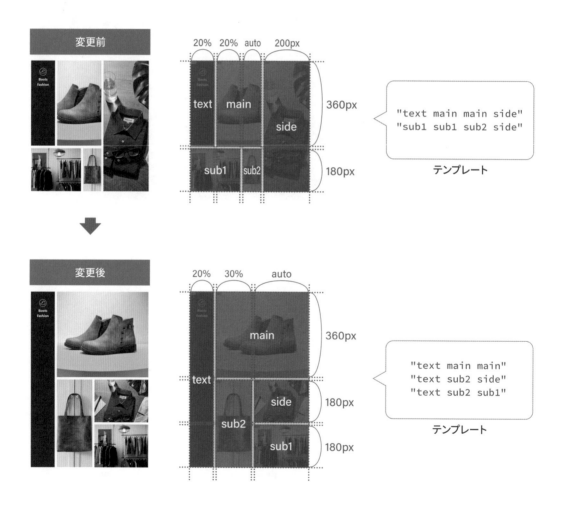

CSS はメディアクエリ @media を使用して指定します。画面幅が 768 ピクセル以下の場合にエリアの構成を変更し、それに合わせてトラックサイズも指定しています。列は 1 列減らしたので「20% 30% auto」、行は 1 行増やしたので「360px 180px 180px」と指定しています。

```
/* ここから */
.grid {
    display: grid;
    grid-template-areas:
        "text main main side"
        "sub1 sub1 sub2 side";
    grid-template-columns:
        20% 20% auto 200px;
    grid-template-rows:
        360px 180px;
    gap: 10px;
}

.item1 {
    grid-area: text;
}

.item2 {
    grid-area: main;
}

.item3 {
    grid-area: side;
}
```

```
.item4 {
    grid-area: sub1;
}

.item5 {
    grid-area: sub2;
}

@media (width <= 768px) {
    .grid {
        grid-template-areas:
            "text main main"
            "text sub2 side"
            "text sub2 sub1";
        grid-template-columns:
                20% 30% auto;
        grid-template-rows:
                360px 180px 180px;
    }
}

/* ここまで */
```

・ ・ ・

以上で、基本の 3 タイプのグリッドの構築は完了です。

📖🔍 **grid-areaで行・列の配置先をまとめて指定する**

grid-area を使うと、行・列の配置先をまとめて指定することもできます。

```
.grid {                          .grid {
    grid-column: 1 / 3;      =       grid-area: 2 / 1 / 4 / 3;
    grid-row: 2 / 4;             }
}
```

gapが指定するガターについて

ガターを指定する gap プロパティは CSS グリッドだけでなく、マルチカラムとフレックスボックスのコンテナでも使用できます。フレックスボックスについてはもともとは使用できず、margin や padding で調整する必要がありましたが、「CSS グリッドの gap と同じものが使えたら便利なのに」という声に押されて 2017 年に下記の仕様に追加されました（ただし、すべての主要ブラウザが対応したのは 2021 年）。

> CSS Box Alignment Module Level 3
> https://www.w3.org/TR/css-align-3/

gap はボックスの間隔を調整するためにコンテナ内にあるガターを使います。ガターは印刷用語で、ページやカラムの間隔のことを指します。ただし、フレックスボックスにはガターに相当するものがないため、その扱いは異なります。

■ マルチカラムの場合
マルチカラムは Fragmentation Container と呼ばれる DOM に存在しないカラムボックスを構成し、コンテンツを流し込みます。このカラムボックスの間隔がガターとして扱われます。

■ CSSグリッドの場合
CSS グリッドは行・列のトラックを構成し、アイテムを配置します。このトラックの間隔がガターとして扱われます。

■ フレックスボックスの場合
ガターに相当するものがないため、アイテムの最小の間隔として扱われます。

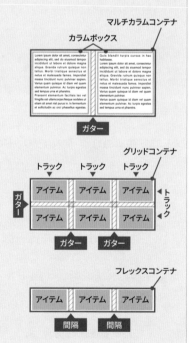

なお、列の間に入れるガターは column-gap、行の間に入れるガターは row-gap で指定できます。

CSSグリッドの
ロジック

CSS Grid

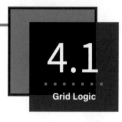

4.1 グリッドの行列を生成する処理

Grid Logic

グリッドにアイテムを配置するスペースがない場合、スペースを確保するための行列が自動生成されます。

grid-template-areas、grid-template-columns、grid-template-rows の指定で構成したグリッドが「**明示的なグリッド（explicit grid）**」と呼ばれるのに対し、自動生成されたグリッドは「**暗黙的なグリッド（implicit grid）**」と呼ばれます。自動生成は次のように行われます。

スペースがない場合の処理

■ アイテムを配置するセルが足りないとき

P.110 の基本のグリッド「ライン」を使い、処理を確認していきます。このグリッドでは grid-template-columns と grid-template-rows で 4 列 × 2 行の明示的なグリッドを構成し、5 つのアイテムを配置しています。ここに 3 つの画像を追加しても、空いているスペースはありません。そのため、新しい行が自動生成され、3 つの画像はそこに自動配置されます。

追加した画像

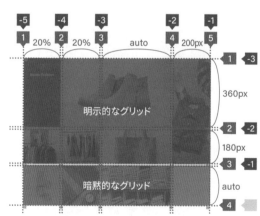

標準で自動生成されるのは行のトラックです。このトラックの高さは auto で処理され、配置されたアイテムに合わせたサイズになります。その結果、画像を 3 つ追加したときのグリッド全体の構成は 4 列× 3 行になります。

なお、ライン番号は全体に統一的につきますが、負のライン番号は明示的なグリッドの範囲だけにつきますので注意が必要です。

> グリッドアイテムとして3つの画像を追加

```html
<!-- ここから -->
<div class="grid">
  <h2 class="item1 boots-logo">Boots Fashion</h2>
  <img class="item2 img-fill" src="../assets/img/boots.jpg" alt="" width="1980" height="1512" />
  <img class="item3 img-fill" src="../assets/img/shirts.jpg" alt="" width="1320" height="1980" />
  <img class="item4 img-fill" src="../assets/img/shop.jpg" alt="" width="1600" height="1144" />
  <img class="item5 img-fill" src="../assets/img/bag.jpg" alt="" width="1320" height="1980" />
  <img class="item6 img-fill" src="../assets/img/socks.jpg" alt="" width="1920" height="1080" />
  <img class="item7 img-fill" src="../assets/img/watch.jpg" alt="" width="1920" height="1080" />
  <img class="item8 img-fill" src="../assets/img/shelf.jpg" alt="" width="1920" height="1080" />
</div>
<!-- ここまで -->
```

index.html

```css
/* ここから */

.grid {
    display: grid;
    grid-template-columns:
            20% 20% auto 200px;
    grid-template-rows:
            360px 180px;
    gap: 10px;
}

.item1 {
    grid-column: 1 / 2;
    grid-row: 1 / 2;
}

.item2 {
    grid-column: 2 / 4;
    grid-row: 1 / 2;
}

.item3 {
    grid-column: 4 / 5;
    grid-row: 1 / 3;
}

.item4 {
    grid-column: 1 / 3;
    grid-row: 2 / 3;
}

.item5 {
    grid-column: 3 / 4;
    grid-row: 2 / 3;
}

/* ここまで */
```

> ここでは追加した画像の配置先は指定していません

style.css

■ アイテムの配置先がないとき

アイテムの配置先がない場合は次のようになります。ここでは追加した 3 つの画像のうち、黄色い靴下の画像 .item6 の配置先を grid-column で列のライン 5 〜 6、grid-row で行のライン 2 〜 4 に指定しています。明示的なグリッドでは列のライン 5、行のライン 3 までしかないため、必要なラインが追加され、指定した場所に配置されます。

.item7 と .item8 の画像は配置先を指定していないので、空いているセルに自動配置されます。

```
…略…
.item5 {
    grid-column: 3 / 4;
    grid-row: 2 / 3;
}

.item6 {
    grid-column: 5 / 6;
    grid-row: 2 / 4;
}

/* ここまで */
```

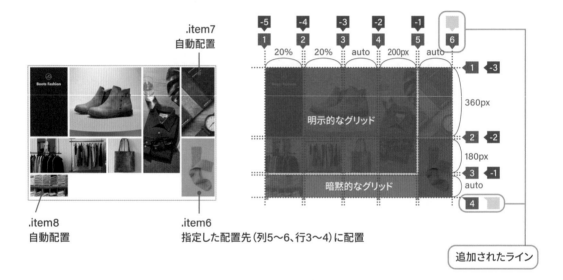

.item7
自動配置

.item8
自動配置

.item6
指定した配置先（列5〜6、行3〜4）に配置

追加されたライン

配置先を span で指定した場合も同じです。.item6 の配置先を grid-column で「列のライン 4 から 2 列分」と指定すると、配置するためのスペースがないため、5 列目のトラックを追加してスペースが確保されます。

```
…略…
.item6 {
  grid-column: 4 / span 2;
  grid-row: 3;
}

/* ここまで */
```

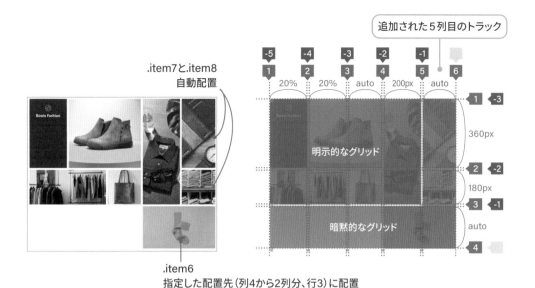

追加された5列目のトラック

.item7と.item8
自動配置

明示的なグリッド

暗黙的なグリッド

.item6
指定した配置先（列4から2列分、行3）に配置

なお、存在しないエリア名やライン名を指定した場合、配置
先として考慮できる条件がありません。

その場合は、明示的なグリッドの最終ライン（ここでは列5
と行3）の次のライン（列6と行4）を起点として配置され
ます。暗黙的なグリッドとしては行・列ともに2トラックずつ
追加され、明示的なグリッドとは接しない位置に配置される
ことに注意してください。

たとえば、存在しないエリア名を .item6 から .item8 の配置
先として指定すると次のようになります。

```
…略…
.item6 {
  grid-area: a;
}

.item7 {
  grid-area: b;
}

.item8 {
  grid-area: c;
}
```

ここに空のトラック
が入っています

.item6〜.item8
列6、行4に配置
（1つのセルに3つの画像が重ねて配置されます）

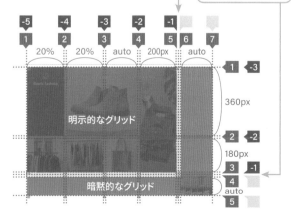

明示的なグリッド

暗黙的なグリッド

4

Grid Logic

暗黙的なグリッドのトラックサイズ

暗黙的なグリッドのトラックサイズは、標準では auto で処理されます。これを変更する場合、grid-auto-columns と grid-auto-rows を使います。

P.144 のサンプルで、grid-auto-columns で暗黙的な列のトラックサイズ（トラックの横幅）を 300 ピクセルに、grid-auto-rows で暗黙的な行のトラックサイズ（トラックの高さ）を 200 ピクセルに指定すると、次のようになります。

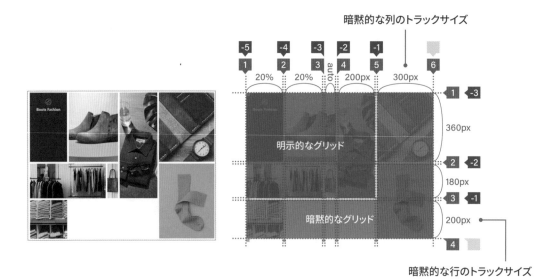

```
/* ここから */

.grid {
    display: grid;
    grid-template-columns:
            20% 20% auto 200px;
    grid-template-rows:
            360px 180px;
    grid-auto-columns: 300px;
    grid-auto-rows: 200px;
    gap: 10px;
}

…略…
```

```
.item5 {
    grid-column: 3 / 4;
    grid-row: 2 / 3;
}

.item6 {
    grid-column: 5 / 6;
    grid-row: 2 / 4;
}

/* ここまで */
```

暗黙的なトラックサイズは繰り返し適用される

grid-auto-columns と grid-auto-rows で指定したトラックサイズは、暗黙的な行・列のすべてのトラックに適用されます。スペース区切りで複数のトラックサイズを指定することもでき、その場合は指定したサイズが繰り返し適用されます。

たとえば、次のグリッドは grid-template-columns と grid-template-rows を指定せず、すべての行・列を自動生成したものです。1列のグリッドになり、アイテムの数だけ行が自動生成されます。

このとき、grid-auto-rows で暗黙的な行のトラックサイズを「100px 200px」と指定すると、各行のトラックサイズ（高さ）が交互に 100px と 200px になります。

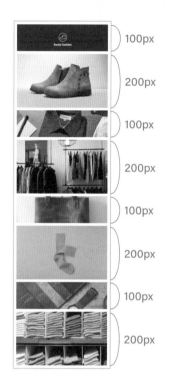

```
/* ここから */

.grid {
    display: grid;
    grid-auto-rows: 100px 200px;
    gap: 10px;
}

/* ここまで */
```

4

Grid Logic

147

4.2　グリッドアイテムを配置する処理

グリッドアイテムは次の 2 つに分類され、配置のステップに従ってグリッドに配置されます。配置に必要なスペースがない場合は、P.142 のように行列を自動生成して配置されます。

> **明示的に配置先を指定したアイテム**
> ライン番号やエリア名などで配置先を指定したもの

> **自動配置されるアイテム**
> span のみで配置先を指定したものや、配置先を指定していないもの

配置のステップ

❶ 行・列の両方の配置先を明示的に指定したアイテムの配置が確定される

- ・行・列の配置先は指定した場所になる
- ・他のアイテムと重複していても指定した場所に重ねて配置される
  （互いの配置に干渉することはない）

❷ 行の配置先のみを明示的に指定したアイテム※の配置が確定される

- ・HTML で記述した順に処理される（CSS の order で変更可能）
- ・指定した行内で空いている最初の列から配置される
  （他のアイテムが占有済みのセルは使用されない）

❸ 残りのアイテムの配置が確定される

　　※自動配置のアイテムに加え、**列の配置先のみを明示的に指定したアイテム**※もここで処理される

- ・HTML で記述した順に処理される（CSS の order で変更可能）
- ・1 行目から順に、左から右、上から下へと行を埋めるように配置されていく
  （他のアイテムが占有済みのセルは使用されない）
  （空いた場所があっても逆戻りして配置されない）

　※ P.153 の grid-auto-flow が標準では「row」に設定されているため

■ すべてのアイテムが自動配置される場合

アイテムの配置が実際にどうなるかを確認していきます。たとえば、P.110 の基本のグリッド「ライン」
ですべてのアイテムを「自動配置されるアイテム」にした場合、ステップ❸ の処理で .item1 から
順に空いている場所に配置されます。.item2 と .item3 は「span 2」と指定して 2 列分使うよう
にしていますが、この指定は「自動配置」の扱いになります。

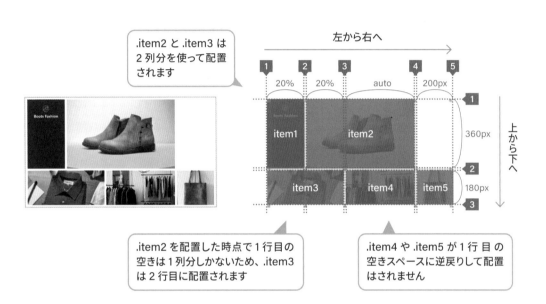

```html
<!-- ここから -->
<div class="grid">
  <h2 class="item1 boots-logo">Boots Fashion</h2>
  <img class="item2 img-fill" src="../assets/img/boots.jpg" alt="" width="1980" height="1512" />
  <img class="item3 img-fill" src="../assets/img/shirts.jpg" alt="" width="1320" height="1980" />
  <img class="item4 img-fill" src="../assets/img/shop.jpg" alt="" width="1600" height="1144" />
  <img class="item5 img-fill" src="../assets/img/bag.jpg" alt="" width="1320" height="1980" />
</div>
<!-- ここまで -->
```

```css
/* ここから */

.grid {
    display: grid;
    grid-template-columns:
            20% 20% auto 200px;
    grid-template-rows:
            360px 180px;
    gap: 10px;
}
```

```css
.item2 {
    grid-column: span 2;
}

.item3 {
    grid-column: span 2;
}

/* ここまで */
```

■ 配置先を明示的に指定したアイテムがある場合

.item2 と .item3 の配置先を明示的な指定に変えると、次のようになります。

まず、ステップ❶ の処理により、行・列の配置先を指定した .item2 が列 3 ～ 5、行 1 ～ 3 に配置されます。

次に、ステップ❷ の処理により、行の配置先のみを指定した .item3 が、行 2 内で空いている最初の列 1 に配置されます。

```
…略…
.item2 {
  grid-column: 3 / 5;
  grid-row: 1 / 3;
}

.item3 {
  grid-row: 2;
}

/* ここまで */
```

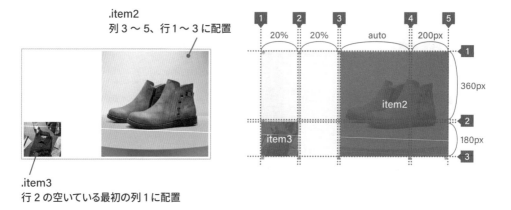

.item2
列 3 ～ 5、行 1 ～ 3 に配置

.item3
行 2 の空いている最初の列 1 に配置

最後に、ステップ❸ の処理により、残りのアイテム（.item1、.item4、.item5）が 1 行目の空いている場所から順に自動配置されます。

.item1
自動配置

.item4
自動配置

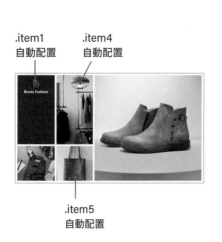

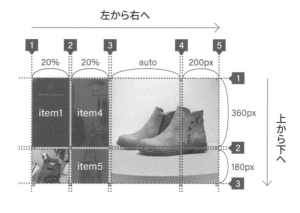

.item5
自動配置

なお、.item2 は行の配置先を「span 2」と指定しても同じ場所に配置できます。しかし、この指定に変えると他のアイテムの配置が次のように変わります。

行の配置先を span のみの指定にした結果、.item2 の行は自動配置の扱いになり、ステップ❶ではなく、ステップ❸で残りのアイテム（.item1、.item4、.item5）といっしょに順番に処理されるためです。

```
…略…
.item2 {
  grid-column: 3 / 5;
  grid-row: span 2;
}

.item3 {
  grid-row: 2;
}

/* ここまで */
```

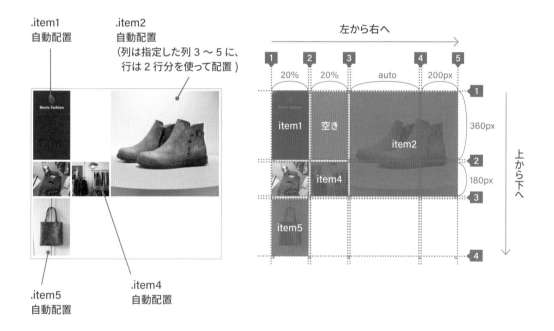

.item1
自動配置

.item2
自動配置
（列は指定した列 3 〜 5 に、
　行は 2 行分を使って配置）

左から右へ

item1　空き

item2

item4

item5

20%　20%　auto　200px

360px

180px

上から下へ

.item5
自動配置

.item4
自動配置

自動配置では逆戻りして配置されないため、.item4 と .item5 は .item2 よりもあとの空きスペースに配置されます。1 行目には .item2 のあとに空きスペースがないため、.item4 は 2 行目の空きスペースに、.item5 は自動生成された 3 行目に配置されます。その結果、1 行目の列 2 〜 3 に空きができます。

空きスペースを埋めるように自動配置する場合

標準の自動配置の処理では、前ページのように空きスペースができるケースがあります。空きスペースを埋めるように配置する場合、grid-auto-flow を「dense」と指定します。これで、ステップ ❸ の処理で「逆戻り」が許容され、前ページのサンプルでは空きスペースに .item4 が配置されるようになります。

前ページの空きスペースに
.item4 が配置されます

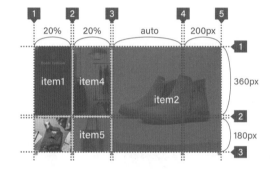

.item4 が配置されていた場所には
.item5 が配置されます

```
/* ここから */

.grid {
    display: grid;
    grid-template-columns:
            20% 20% auto 200px;
    grid-template-rows:
            360px 180px;
    grid-auto-flow: dense;
    gap: 10px;
}

.item2 {
    grid-column: 3 / 5;
    grid-row: span 2;
}

.item3 {
    grid-row: 2;
}

/* ここまで */
```

列を埋めるように自動配置する場合

標準の自動配置の処理では grid-auto-flow が「row」と設定されています。そのため、ステップ❷では行の配置先のみを明示的に指定したアイテムの配置が優先され、行を埋めるようにアイテムが配置されます。grid-auto-flow を「column」と指定すると、列の配置先のみを明示的に指定したアイテムの配置が優先されるようになり、列を埋めるように配置できます。たとえば、P.149 のサンプルでは次のようになります。

grid-auto-flow: rowの場合	grid-auto-flow: columnの場合
行を埋めるように左から右、上から下へと配置され、配置先が足りない場合は行が増えます。	列を埋めるように上から下、左から右へと配置され、配置先が足りない場合は列が増えます。

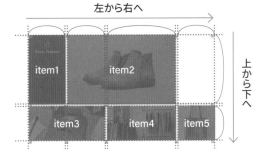

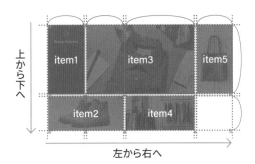

```
.grid {
    display: grid;
    grid-template-columns:
            20% 20% auto 200px;
    grid-template-rows:
            360px 180px;
    grid-auto-flow: row;
    gap: 10px;
}
```

```
.grid {
    display: grid;
    grid-template-columns:
            20% 20% auto 200px;
    grid-template-rows:
            360px 180px;
    grid-auto-flow: column;
    gap: 10px;
}
```

dense も合わせて指定する場合は「row dense」や「column dense」と指定します。

配置先が重複する場合

行・列の配置先を明示的に指定すると、空いているかどうかに関わらず、ステップ❶の処理によっ
て指定した場所に配置されます。その結果、配置先が重複したアイテムは重ねて配置されます。
同じ場所に配置されたアイテムが互いに干渉することはありません。重なり順は z-index で制御
できます。

たとえば、P.149 のサンプルで .item1 と .item2 の配置先を列 1 〜 -1、行 1 に指定すると、次の
ようになります。ここでは .item1 を上にするため、z-index を「1」と指定し、opacity で半透
明にしています。

.item1 と .item2
重ねて配置

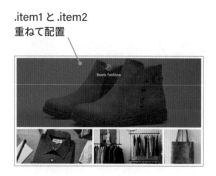

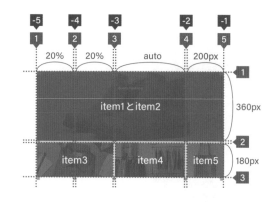

```
/* ここから */

.grid {
    display: grid;
    grid-template-columns:
            20% 20% auto 200px;
    grid-template-rows:
            360px 180px;
    gap: 10px;
}

.item1 {
    grid-column: 1 / -1;
    grid-row: 1;
    z-index: 1;
    opacity: 0.7;
}
```

```
.item2 {
    grid-column: 1 / -1;
    grid-row: 1;
}

.item3 {
    grid-column: span 2;
}

/* ここまで */
```

トラックに対するアイテムの位置揃え（配置）とサイズ

配置先のエリア内でのアイテムの位置揃えは、トラックに対する位置揃えとして横方向を justify-self で、縦方向を align-self で指定します。さらに、width や height でアイテムのサイズ（横幅や高さ）が未指定な場合、これらの指定に応じてアイテムのサイズが変わります。

たとえば、.item1 の justify-self と align-self を「center」と指定すると、トラックの縦横中央に配置され、中身に合わせたサイズになります。

```
.item1 {
    grid-column: 1 / -1;
    grid-row: 1;
    justify-self: center;
    align-self: center;
    z-index: 1;
    opacity: 0.7;
}
```

.item1
配置先の縦横中央に配置され、
中身に合わせたサイズになります

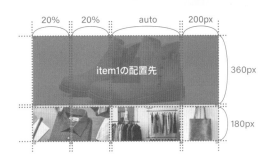

指定できる値に対し、位置揃えとアイテムのサイズは次のようになります。

値	位置揃え	アイテムのサイズ
start	開始サイド（左または上）に揃える ※1	アイテムの中身に合わせたサイズ
end	終了サイド（右または下）に揃える ※1	
center	中央に揃える	
baseline	ベースラインで揃える ※2	
stretch	4辺をトラックに揃える	トラックに合わせたサイズ
normal	アイテムに応じてstretchまたはstartで処理	-

※1 開始・終了サイドはグリッドの書字方向（directionやwriting-modeの設定）に従って決まります。
　　アイテム自身の書字方向に揃える場合は「self-start」、「self-end」を使います。

※2 同じ行に配置された各アイテムの最初のベースラインの位置で揃えられます。「first baseline」と指定することも可能です。末尾のベースラインの位置で揃える場合は「last baseline」と指定します。

■ 標準の位置揃えの処理

標準の位置揃えは「normal」に設定され、アイテムが縦横比を持つかどうかによって処理が変わります。「縦横比を持つもの」として扱われるのは画像や aspect-ratio で縦横比を指定したアイテムです。

<h2> で構成した .item1 は縦横比を持たないため、標準では「stretch」で処理され、配置先のトラックに合わせたサイズにして配置されます。

.item1
標準では配置先のトラックに合わせたサイズに伸縮

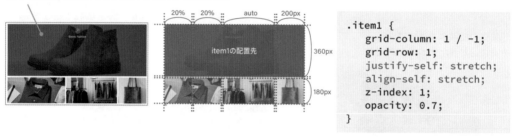

```
.item1 {
    grid-column: 1 / -1;
    grid-row: 1;
    justify-self: stretch;
    align-self: stretch;
    z-index: 1;
    opacity: 0.7;
}
```

<img> で構成した .item2 ～ .item5 は画像で縦横比を持つため、標準では「start」で処理され、オリジナルのサイズでトラックの左上に揃えて配置されます。

ただし、サンプルでは P.108 で用意した初期設定で、画像サイズが配置先のトラックに合わせて変わるようにしています。.item5 の画像に適用したスタイルをすべて削除してみると、「start」の処理でオリジナルのサイズになり、トラックの左上に揃えて配置されることが確認できます。

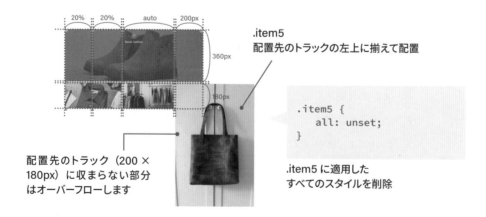

.item5
配置先のトラックの左上に揃えて配置

配置先のトラック（200 × 180px）に収まらない部分はオーバーフローします

```
.item5 {
    all: unset;
}
```

.item5 に適用した
すべてのスタイルを削除

■ コンテナ側でアイテムの位置揃えをまとめて指定する場合

コンテナ側でアイテムの位置揃えをまとめて指定する場合、横方向を justify-items で、縦方向を align-items で指定します。

たとえば、P.110 の基本のグリッド「ライン」でグリッドコンテナ <div class="grid"> の justify-items と align-items を「center」と指定すると、すべてのアイテムが配置先のトラックの縦横中央に配置されます。ここでは各アイテムをトラックの 70% のサイズにしています。

各アイテムを配置先のトラックの縦横中央に配置

```
/* ここから */

.grid {
    display: grid;
    grid-template-columns:
            20% 20% auto 200px;
    grid-template-rows:
            360px 180px;
    gap: 10px;
    justify-items: center;
    align-items: center;
}
```

```
.grid > * {
    width: 70%;
    height: 70%;
}

.item1 {
    grid-column: 1 / 2;
    grid-row: 1 / 2;
}
…略…
```

📖🔍 横方向と縦方向のアイテムの位置揃えをまとめて指定する

横方向と縦方向のアイテムの位置揃えは、place-items と place-self を使うとまとめて指定できます。

```
justify-items: center;
align-items: center;
```
＝
```
place-items: center;
```

```
justify-self: center;
align-self: center;
```
＝
```
place-self: center;
```

4

Grid Logic

157

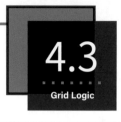

4.3
Grid Logic

CSSにおけるサイズの基本（1）── ブロック要素のサイズ

グリッドのトラックサイズは grid-template-columns や grid-template-rows で明確なサイズを指定していない場合、そこに配置したアイテムのサイズによって決定されます。そこで、トラックのサイズがどのような処理で決まるのかを確認します。その際、CSS におけるサイズ設定の基本も影響してくるので、まずはその確認から始めます。確認の必要がない方は P.184 へ進んでください。

┃ サイズを指定するプロパティ

CSS では要素が構成するボックスの横幅を width で、高さを height で指定します。それぞれが取り得るサイズの範囲は、min-width と max-width、min-height と max-height で指定できます。標準では初期値（最大サイズ以外は auto）で処理されますが、フローレイアウトと CSS グリッドでは auto の処理が異なりますので注意が必要です。

プロパティ	指定できるサイズ	初期値	初期値（auto）の処理	
			フローレイアウトのブロック要素	CSSグリッドのグリッドアイテム
width	横幅	auto	親要素に合わせたサイズ	中身または配置先に合わせたサイズ（P.155の位置揃えの設定で変わる）
min-width	横幅の最小サイズ	auto	0として処理	0またはmin-contentとして処理（P.186の条件で変わる）
max-width	横幅の最大サイズ	none	-	-
height	高さ	auto	中身に合わせたサイズ	中身または配置先に合わせたサイズ（P.155の位置揃えの設定で変わる）
min-height	高さの最小サイズ	auto	0 として処理	0またはmin-contentとして処理（P.186の条件で変わる）
max-height	高さの最大サイズ	none	-	-

たとえば、.item1 のサイズがフローレイアウトおよび CSS グリッドでどうなるかを見ていきます。

フローレイアウトでのブロック要素のサイズ

まず、CSS ではすべての大元となるビューポート（ブラウザ画面から見える領域）のサイズが確定します。ビューポートは「**初期包含ブロック（initial containing block）**」と呼ばれ、ルート要素 <html> の親として扱われます。

<html>、<body>、<div>、<h1 class="item1"> にはブラウザの UA スタイルシートによって「**display: block（display: block flow）**」が適用され、要素自身はブロック要素に、要素内で使用するレイアウトモデルはフローレイアウトになります。

そのため、各要素の横幅（**width: auto**）は親要素に合わせたサイズになります。大元はビューポートの横幅なので、画面幅に合わせたサイズです。一方、各要素の高さ（**height: auto**）は中身に合わせたサイズ（ここでは .item1 の中身の高さ）になり、ビューポートの高さの影響は受けません。

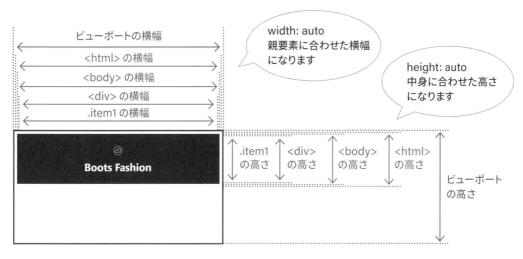

```
<!DOCTYPE html>
<html lang="ja">
    …略…
    <body class="padding-small">
        <div>
            <h1 class="item1 boots-logo-large">Boots Fashion</h1>
        </div>
    </body>
</html>
```

index.html

※.padding-smallはページまわりに余白を入れるクラスです。boots-logo-largeはテキストにロゴを付けたデザインにするクラスで、わかりやすいようにフォントサイズを大きくしてあります。P.108のセットにあらかじめ用意してあります。

4

Grid Logic

■ パーセント値（%）で指定したサイズと確定・不確定サイズ

ビューポート（初期包含ブロック）のようにレイアウトの処理がなくても確定するサイズや、px などで明示的に指定したサイズは「**確定サイズ（definite size）**」と呼ばれます。

フローレイアウトの場合、ブロック要素の横幅はビューポートの確定サイズが親要素から引き継がれてくるので「確定サイズ」となります。一方、ブロック要素の高さは中身に合わせたサイズとなるので「**不確定サイズ（indefinite size）**」です。

これらの違いは、子要素のサイズを「パーセント値（%）」で指定したときに影響します。たとえば、.item1 の width と height を 85% と指定します。親要素 <div> の横幅は確定サイズなので、.item1 の横幅はそれに対して 85% のサイズになります。しかし、親要素 <div> の高さは不確定サイズなので、.item1 の高さは変化しません。

親要素が不確定サイズの場合、% で指定したサイズは「auto」として処理されるためです。

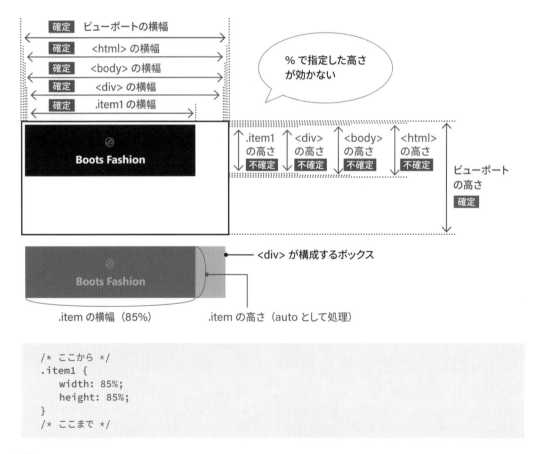

```
/* ここから */
.item1 {
    width: 85%;
    height: 85%;
}
/* ここまで */
```

％で指定した高さが効くようにするためには、親要素を確定サイズにする必要があります。たとえば、<html>、<body>、<div> の height を「100%」と指定すれば、ビューポートの高さを引き継いだ「確定サイズ」になり、.item1 の高さは親要素 <div> の高さに対して 85% のサイズになります。

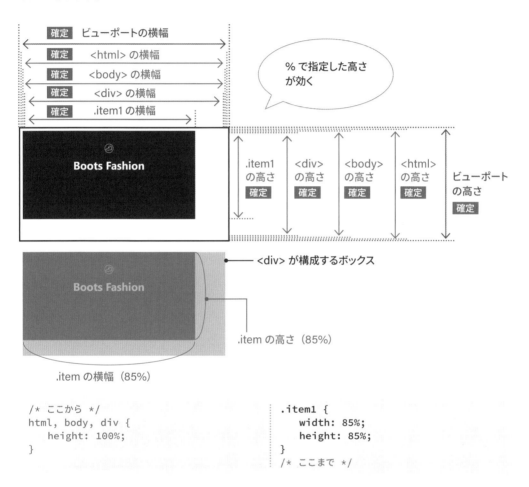

```
/* ここから */
html, body, div {
    height: 100%;
}
```

```
.item1 {
    width: 85%;
    height: 85%;
}
/* ここまで */
```

.item1 の親要素 <div> だけが確定サイズになっていればよい場合、ビューポートの高さを直接参照する単位を使用し、次のように「height: 100vh」と指定する方法もあります。

```
/* ここから */
div {
    height: 100vh;
}
```

```
.item1 {
    width: 85%;
    height: 85%;
}
/* ここまで */
```

■ 0として処理される自動最小サイズ（min-width/min-heightのauto値）

横幅と高さの最小サイズを指定する min-width、min-height の初期値は「auto」です。この値は「自動最小サイズ」と呼ばれ、フローレイアウトでは「0」として処理されます。

これにより、要素の横幅は画面幅や親要素に合わせて「0」になるまで小さくなることが許容されます。横幅に収まらなくなった中身はオーバーフローします。.item1 の場合は次のようになり、ブラウザ画面に横スクロールバーが出現します。

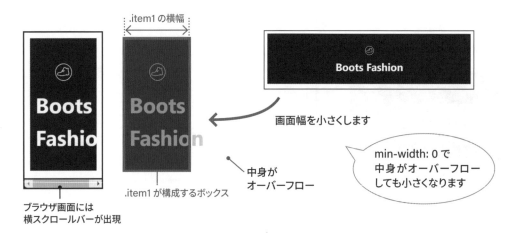

.item1 に overflow: auto を適用してスクロールコンテナにすると、オーバーフローした中身を .item1 が構成するボックスに収めることができます。スクロールバーはブラウザ画面からスクロールコンテナに移動します。

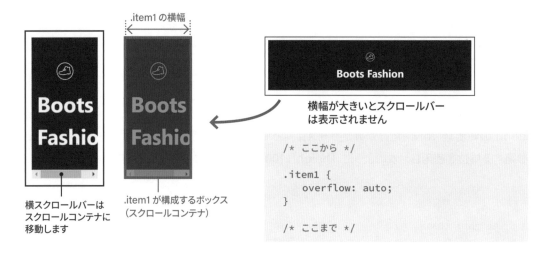

```
/* ここから */

.item1 {
    overflow: auto;
}

/* ここまで */
```

162

■ 中身に合わせたサイズにする値（最小・最大コンテンツサイズ）

横幅は「auto」では中身に合わせたサイズにできません。中身に合わせたサイズにするためには、**「内在的なサイズ（Intrinsic size）」**と呼ばれる次の値を使用します。これらを高さに指定した場合は「auto」と指定したときと同じ処理になります。

値	指定されるサイズ
min-content	最小コンテンツサイズ
max-content	最大コンテンツサイズ

最小コンテンツサイズは、挿入可能な改行をすべて入れた状態でコンテンツを表示したときの横幅です。.item1 の場合、「Fashion」という単語の横幅になります。

```
/* ここから */

.item1 {
    width: min-content;
}
/* ここまで */
```

最大コンテンツサイズは、テキストに改行を入れずにコンテンツを表示したときの横幅です。.item1 の場合「Boots Fashion」の横幅になります。

```
/* ここから */

.item1 {
    width: max-content;
}
/* ここまで */
```

163

中身の高さ

ブロック要素の高さを「auto」と指定したときの「中身に合わせたサイズ」の「中身の高さ」はどのように決まるのでしょうか。これは、高さを「auto」にしたグリッドトラックやグリッドアイテムのサイズが「中身の高さ」になるときにも関わってきます。

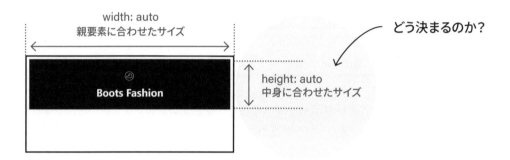

そもそも、中身となり得るものは次の3つです。

・インラインレベル要素
・ブロック要素
・テキスト

これらのうち、インラインレベル要素として扱われるものは右ページのようになっており、インライン要素はブロック要素と同じように「中身に合わせたサイズ」になることがわかります。インライン要素以外は、画像のように外部リソースが持つデータによって高さが自明となるか、ブロック要素と同じ処理で高さが決まります。

テキストについては「無名インラインボックス（anonymous inline box）」を構成し、インライン要素として扱われます。

つまり、ブロック要素の高さがどう決まるかを知るためには、「インライン要素の高さ」がどう決まるかを理解しておく必要があります。そのため、次のステップでインライン要素のサイズについて確認し、P.170 でブロック要素の高さの処理について見ていきます。

インラインレベル要素	displayの値	特徴
インライン要素	inline	・中身に合わせたサイズになる （高さはP.167のようにフォントの設定に応じて決まる） ・width/heightでサイズを指定できない ・padding/border/marginが行ボックスの高さに影響しない ブラウザのUAスタイルシートでインライン要素になるもの \<span\>、\<strong\>、\<a\>など
置換インライン要素 （画像など）	inline	・外部リソースでサイズが決まる （画像の場合はオリジナルのサイズと縦横比） ・width/heightでサイズを指定できる ・padding/border/marginが行ボックスの高さに影響する ブラウザのUAスタイルシートで置換インライン要素になるもの \<img\>、\<svg\>、\<video\>など
インラインブロック要素	inline-block	・中身に合わせたサイズになる （高さはブロック要素と同じようにP.170の処理で決まる） ・width/heightでサイズを指定できる ・padding/border/marginが行ボックスの高さに影響する ブラウザのUAスタイルシートでインラインブロック要素になるもの \<button\>、\<input\>、\<textarea\>など

4

Grid Logic

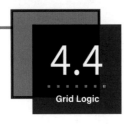

4.4 CSSにおけるサイズの基本（2）── インライン要素のサイズ

Grid Logic

高さを「auto」と指定したときの「中身の高さ」がどのように決まるかを知るために、まずはインライン要素のサイズがどう決まるかを確認していきます。

フローレイアウトでのインライン要素のサイズ

まず、**インライン要素の横幅と高さはコントロールできません**。width と height を適用しても、反映されないことになっているためです。インライン要素を構成するインラインボックスの横幅と高さは次のように決まります。

■ インラインボックスの横幅

横幅は中身に合わせたサイズになります。これは使用するフォントやフォントサイズ、文字数によって決まります。1 行に収まらない場合は改行が入り、複数行に分割されます。

■ インラインボックスの高さ

高さがどう決まるかは CSS2 の仕様に明確な定義はありません。策定中の CSS3 の仕様を元に現状のブラウザの実装を見ると、次のように決定されているのが確認できます。

ブラウザは、個々のフォントが持っているフォントメトリクス（フォントを構成する各種寸法のデータ）から高さを決めるアセンダとディセンダのデータを使用して、**標準の line-height（望ましい行の高さ）**を算出します。
そして、フォントサイズにこの line-height を掛けたものが**インラインボックスの高さ**となります。同時に、行の高さを決める**行ボックス（line box）の高さ**にもなります。

たとえば、インライン要素の <span> にフォントの設定を適用します。ここでは Google Fonts のフォントを使用します。

標準の line-height は、フォントを「Noto Sans JP」にすると約 1.46、「Gloria Hallelujah」にすると約 1.98 になります。さらに、フォントサイズを 48px にすると、インラインボックスの高さはそれぞれ 70px と 95px になります。background-color で背景を黄色にした部分がインラインボックスです。行ボックスも同じ高さになっています。

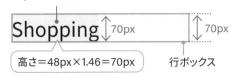

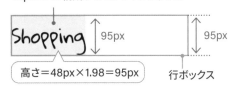

```
<span>Shopping</span>

span {
  font-family:
   "Noto Sans JP", sans-serif;
  font-size: 48px;
  background-color: yellow;
}
```

```
<span>Shopping</span>

span {
  font-family:
   "Gloria Hallelujah", cursive;
  font-size: 48px;
  background-color: yellow;
}
```

※ここでは P.108 のセットで用意したリセット CSS（reset.css）を適用せずに表示を確認しています。

フォント（font-family）とフォントサイズ（font-size）の設定は、ここではインライン要素に直接指定しています。直接指定した設定がない場合、親要素から継承した設定が使用されます。

line-heightで行ボックスの高さをコントロール

line-height は外部から指定することもできますが、コントロールできるのは行ボックスの高さだ
けです。**インラインボックスの高さをコントロールできるわけではありません**ので注意が必要です。

たとえば、インライン要素の line-height を「3」と指定すると、行ボックスの高さがフォントサイ
ズ 48px の 3 倍で 144px になります。しかし、インラインボックスの高さは標準の line-height
で決まった高さから変化しません。

Noto Sans JP（標準のline-height＝約1.46）	Gloria Hallelujah（標準のline-height＝約1.98）

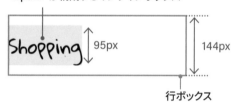

`<span>` が構成するインラインボックス　70px　144px　行ボックス

`<span>` が構成するインラインボックス　95px　144px　行ボックス

```
span {
  font-family: "Noto Sans JP" …;
  font-size: 48px;
  line-height: 3;
  background-color: yellow;
}
```

```
span {
  font-family: "Gloria Hallelujah" …;
  font-size: 48px;
  line-height: 3;
  background-color: yellow;
}
```

line-heightのリセット

line-height の設定も、フォントやフォントサイズと同じように親要素から継承されます。その
ため、`<html>` や `<body>` で line-height を指定すると、上書きしない限りすべての要素に
継承されます。たとえば、Tailwind CSS や Panda CSS が用意しているリセット CSS では
`<html>` で line-height が「1.5」に設定されます。

複数行になった場合

ブラウザの画面幅を小さくすると、テキストに改行が入って複数行になります。すると、インラインボックスが分割され、行ごとに行ボックスが構成されます。フォントに Noto Sans JP を使用したサンプルで確認すると次のようになります。

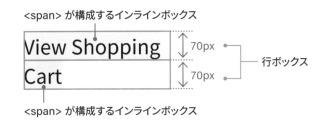

```
<span>View Shopping Cart</span>
```

```
span {
  font-family: "Noto Sans JP" …;
  font-size: 48px;
  background-color: yellow;
}
```

line-height を「3」と指定した場合は次のようになります。

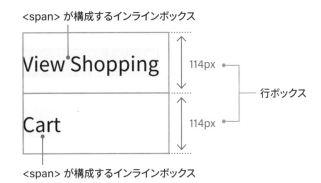

```
<span>View Shopping Cart</span>
```

```
span {
  font-family: "Noto Sans JP" …;
  font-size: 48px;
  line-height: 3;
  background-color: yellow;
}
```

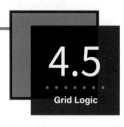

4.5 CSSにおけるサイズの基本（3）── ブロック要素の中身の高さ

Grid Logic

ブロック要素の高さを「auto」と指定した場合、ブロック要素が構成するブロックボックスは中身に合わせた高さになります。この「中身の高さ」は次の 3 パターンで決まります。

・中身がインラインレベル要素のみで構成されている場合

・中身がブロック要素のみで構成されている場合

・中身がブロック要素とインラインレベル要素で構成されている場合

※テキストは無名インラインボックスを構成し、インライン要素として扱われます

中身がインラインレベル要素のみで構成されている場合

ブロック要素の中身がインラインレベル要素のみの場合、各要素はベースラインで揃えられ、横並びにして行ボックスに収められます。**行ボックスの高さ**は各要素の行ボックスが収まる高さになります。同時に、この行ボックスの高さが**ブロックボックスの高さ**となります。

たとえば、ブロック要素 <div> の中にテキストとインライン要素 <span> のみを入れると次のようになります。テキストは**無名インラインボックス（anonymous inline box）**を構成し、インライン要素と同様の扱いになります。ブロックボックスの高さは Chrome のデベロッパーツールで確認できます。

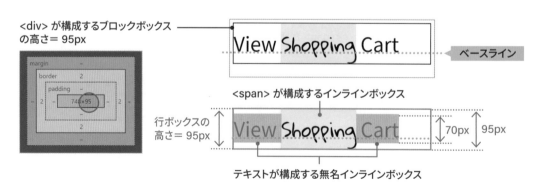

<div> が構成するブロックボックスの高さ＝ 95px

ベースライン

<span> が構成するインラインボックス

行ボックスの高さ＝ 95px

70px　95px

テキストが構成する無名インラインボックス

```html
<div>View <span>Shopping</span> Cart</div>
```

```css
div {
  font-family: "Noto Sans JP", sans-serif;
  font-size: 48px;
  border: solid 2px black;
}

span {
  font-family: "Gloria Hallelujah", cursive;
  background-color: yellow;
}
```

※ここでは P.108 のセットで用意したリセット CSS（reset.css）を適用せずに表示を確認しています。

各要素は以下のように設定していますので、それぞれの行ボックスの高さは、<span> が 95px、テキストが 70px となります。そのため、これらすべてが収まる行ボックスの高さは 95 ピクセルになります。それにより、ブロックボックスの高さも 95 ピクセルとなります。

■ ブロック要素

<div> ではフォントを「Noto Sans JP」に、フォントサイズを 48px に指定し、黒枠で囲むようにしています。黒枠で囲んだ部分がブロックボックスです。

■ テキスト

テキストは無名インラインボックス（anonymous inline box）を構成するので、通常のインラインボックスと同じように処理されます。ただし、スタイルを直接指定できないため、高さを決めるフォントの設定は親要素（ここでは <div>）のものが使用されます。フォントは「Noto Sans JP」で、フォントサイズは 48px で処理され、無名インラインボックスと行ボックスの高さは 70px となります。

■ インライン要素

<span> ではフォントを「Gloria Hallelujah」に指定しています。フォントサイズは親要素（ここでは <div>）の設定を継承して 48px になるため、インラインボックスと行ボックスの高さは 95px となります。

4

Grid Logic

171

■ 複数行になった場合

改行が入って複数行になった場合、行ごとに同じように処理され、行ボックスの高さが決まります。
ブロックボックスの高さは行ボックスの高さの合計で決まります。

たとえば、無名インラインボックスを構成するテキストの「Cart」だけが改行されると、行ボックスの高さは1行目が95px、2行目が70pxとなります。その結果、行ボックスの高さの合計は165pxとなり、ブロックボックスの高さも165pxとなります。

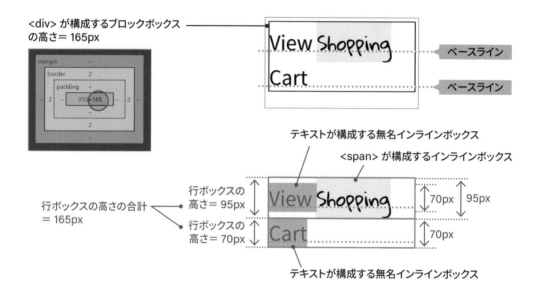

■ line-heightを指定したときの行ボックスの高さ

外部から line-height を指定すると、P.168 のときと同様にインラインボックスの高さは変わりませんが、行ボックスの高さが変わります。

たとえば、<span> の line-height を「3」と指定すると、<span> の行ボックスの高さは144px（<span> のフォントサイズ 48px の 3 倍）になります。下記の図では緑色で示した高さです。これにより、全体の行ボックスの高さは144pxとなります。

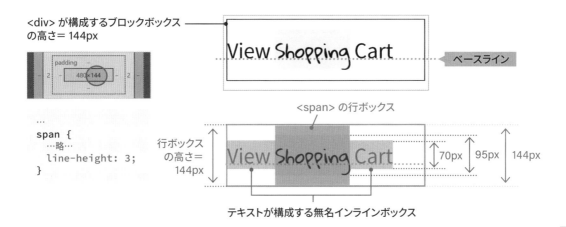

<span> の line-height を「1」と指定した場合、<span> の行ボックスの高さは 48px（<span> のフォントサイズ 48px の 1 倍）になります。その結果、無名インラインボックスの行ボックスの高さの方が大きくなり、全体の行ボックスの高さは 70px になります。<span> が構成するインラインボックスは行ボックスからオーバーフローします。

173

■ テキストがなくても存在する無名インラインボックス

行内にテキストがなく、インラインレベル要素のみがある場合でも、行ボックスの高さは無名イン ラインボックスが存在するものとして処理されます。

たとえば、P.170 のサンプルで <span> のフォントサイズを小さくして確認してみます。ここで は 24px にして、構成されるインラインボックスと行ボックスの高さを 48px（24px に Gloria Hallelujah フォントの標準の line-height「約 1.98」を掛けたサイズ）にします。テキストがあ る場合、無名インラインボックスの行ボックスの高さ 70px により、全体の行ボックスの高さは 70px になります。

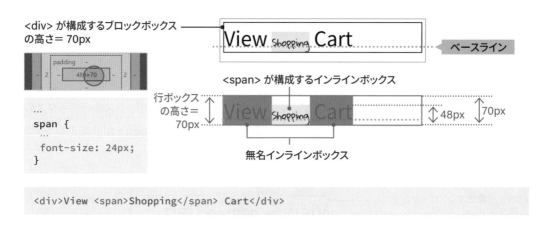

```
<div>View <span>Shopping</span> Cart</div>
```

続けて、テキストを削除してみます。明確に存在するのは <span> だけですが、行を構成するため、 行の最初と最後には無名インラインボックスが存在し続けています。そのため、全体の行ボック スの高さは 48px にはならず、無名インラインボックスの行ボックスの高さ 70px から変化しませ ん。つまり、行ボックスの高さは、無名インラインボックスに影響を与えるもの（ここでは <div> の設定）によってコントロールされ続けていることになります。

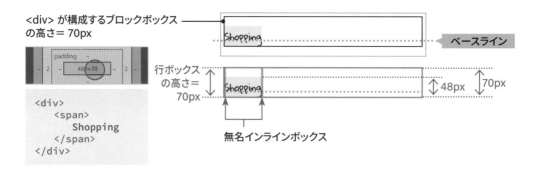

■ 置換インライン要素（画像など）を入れた場合と要素の下の余白

行内に画像などの置換インライン要素を入れた場合も、インライン要素と同じようにベースラインで揃えられ、横並びになります。このとき、置換インライン要素が構成するボックスの下部がベースラインに揃えられるため、ベースラインの下のスペース（ディセンダ）の分だけ、要素の下に余白が入ります。

また、置換インライン要素で行ボックスの高さとして扱われるのは、要素自身の高さです。画像の場合、オリジナルの画像サイズと縦横比から決まる高さか、height で指定した高さとなります。

たとえば、ブロック要素 <div> の中に、SVG 画像 <svg> とテキストを用意します。ここではそれぞれの行ボックスの高さが同じ 48px になるようにしていますが、ベースラインで揃えられると画像の下には余白が入ります。その分だけ全体の行ボックスの高さは大きくなり、48px ではなく、58px となります。

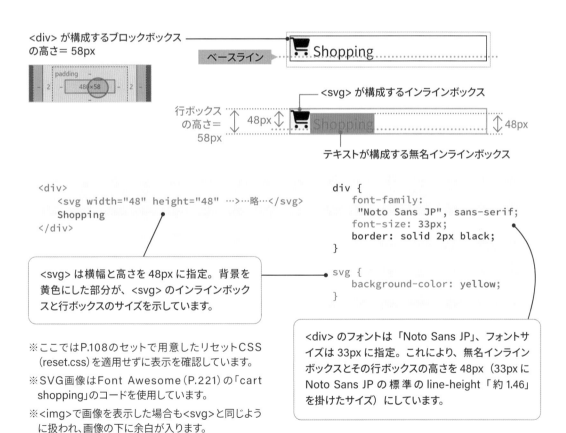

<div> が構成するブロックボックスの高さ= 58px

ベースライン

<svg> が構成するインラインボックス

行ボックスの高さ= 58px

48px　48px

テキストが構成する無名インラインボックス

```
<div>
    <svg width="48" height="48" …>…略…</svg>
    Shopping
</div>
```

```
div {
    font-family:
     "Noto Sans JP", sans-serif;
    font-size: 33px;
    border: solid 2px black;
}
```

```
svg {
    background-color: yellow;
}
```

<svg> は横幅と高さを 48px に指定。背景を黄色にした部分が、<svg> のインラインボックスと行ボックスのサイズを示しています。

<div> のフォントは「Noto Sans JP」、フォントサイズは 33px に指定。これにより、無名インラインボックスとその行ボックスの高さを 48px（33px に Noto Sans JP の標準の line-height「約 1.46」を掛けたサイズ）にしています。

※ここでは P.108 のセットで用意したリセット CSS（reset.css）を適用せずに表示を確認しています。

※SVG 画像は Font Awesome（P.221）の「cart shopping」のコードを使用しています。

※<img> で画像を表示した場合も <svg> と同じように扱われ、画像の下に余白が入ります。

4

Grid Logic

175

ブロック要素の中に SVG 画像だけを入れた場合も同じです。P.174 のように無名インラインボックスが存在するものとして処理されるため、行ボックスの高さは 58px となり、画像の下には余白が入ります。

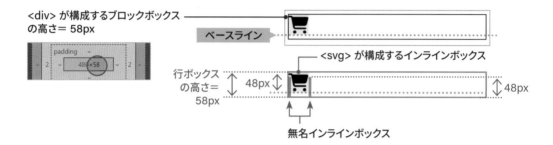

■ 画像の下の余白を削除する

画像の下に入る余白を削除する方法はいくつかありますが、主に使用されるのは次の 2 つの方法です。

vertical-align: bottom を適用する

画像に vertical-align を適用し、行ボックス内のどこに揃えるかを指定します。標準ではベースライン（baseline）になるため、行ボックスの下部（bottom）に揃えるように指定します。これで、画像の下の余白を削除できます。

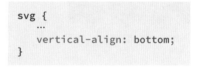

```
svg {
    ...
    vertical-align: bottom;
}
```

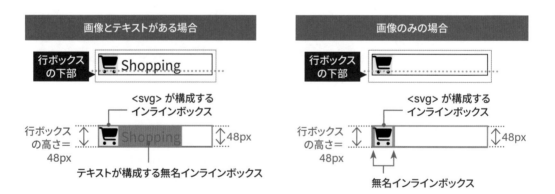

行ボックスの上部（top）やテキストの x-middle ベースライン（middle）に揃える方法が使われることもありますが、無名インラインボックスの設定によっては余白が消えない場合があります。

display: block を適用する

display: block を適用して画像をブロック要素にします。これで「中身がインライン要素のみで構成されている場合」の条件を満たさなくなり、次のように処理が切り替わります。その結果、行ボックスは構成されず、ベースラインに揃えられることはなくなるため、画像の下の余白を削除できます。

```
svg {
    …
    display: block;
}
```

画像とテキストがある場合	画像のみの場合

<div> 内にブロック要素の画像とテキストを記述した形になるため、P.182 の「中身がブロック要素とインラインレベル要素で構成されている場合」の処理になります。

ブロック要素の画像のみを記述した形になるため、P.181 の「中身がブロック要素のみで構成されている場合」の処理になります。

<svg> が構成する
ブロックボックス

48px
48px

テキストが構成する無名ブロックボックス

48px

<svg> が構成する
ブロックボックス

 リセットCSSに含まれる画像の下の余白を削除する設定

Tailwind CSS や Panda CSS が用意しているリセット CSS では、画像などの置換インライン要素の下に入る余白を削除するため display: block が適用されます。また、インライン要素に戻したときのために、vertical-align: middle も適用されます。

```
img, svg, video, canvas,
audio, iframe, embed,
object {
    display: block;
    vertical-align: middle;
}
```

4

Grid Logic

177

■ インラインブロック要素（ボタンなど）を入れた場合と要素の下の余白

ボタンなどのインラインブロック要素は、インライン要素と同じようにベースラインで揃えられ、横並びになります。このときベースラインに揃えられるのは、インラインブロック要素の中身のベースラインです。

また、インラインブロック要素で行ボックスの高さとして扱われるのは、要素自身の高さです。ただし、その高さはブロック要素と同じように「中身の高さ」となり、P.170 の 3 パターンで決まります。

たとえば、ブロック要素 <div> の中に、テキストと黒色のボタン <button> を用意します。<button> の中には SVG 画像 <svg> とテキストを入れています。この場合、<button> の中身はインラインレベル要素のみなので、ここまでに見てきた処理で行ボックスが構成され、<button> の高さが 77px に決まります。<button> の無名インラインボックスでベースラインの位置も決まり、<div> の無名インラインボックスのベースラインに揃えられることがわかります。

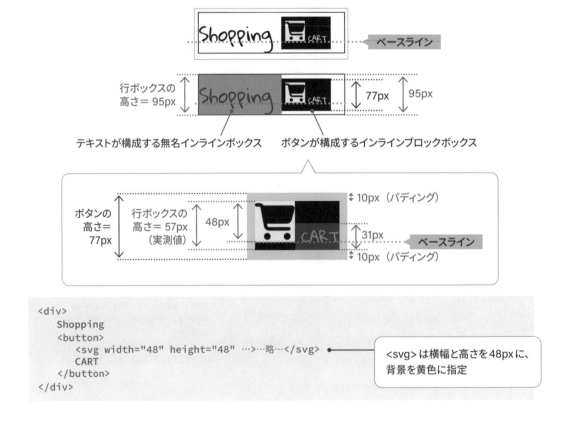

```
<div>
    Shopping
    <button>
        <svg width="48" height="48" …>…略…</svg>
        CART
    </button>
</div>
```

<svg> は横幅と高さを48pxに、背景を黄色に指定

```
div {
    font-family: "Gloria Hallelujah", cursive;
    font-size: 48px;
    border: solid 2px black;
}

svg {
    background-color: yellow;
}

button {
    padding: 10px;
    font-family: "Gloria Hallelujah", cursive;
    font-size: 16px;
    color: white;
    background-color: black;
    border: none;
}
```

<div> のフォントは「Gloria Hallelujah」、フォントサイズは 48px に指定。これにより、P.170 と同じように <div> の無名インラインボックスとその行ボックスの高さは 95px になります。

<button> は <div> と同じフォントで、フォントサイズは 16px に指定。これにより、<button> の無名インラインボックスとその行ボックスの高さは 31px（16px に Gloria Hallelujah の標準の line-height「約 1.98」を掛けたサイズ）になります。

<button> は背景を黒色に、文字を白色にして、ボタン内に 10px のパディング（余白）を入れています。ボーダーは削除しています。

ボタン <button> の中に SVG 画像だけを入れた場合も同じです。P.176 と同じように処理されるため、画像の下には余白が入ります。ただし、この画像の下にはパディングを除いて、2つの余白が入っています。<button> の中の画像 <svg> の下の余白と、<div> の中のボタン <button> の下の余白です。UI の設計などでボタンのパディングや背景色を取り除くと 2 つの余白の区別が難しくなりますので、注意が必要です。

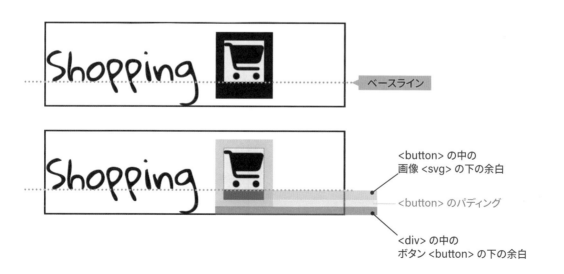

ベースライン

<button> の中の
画像 <svg> の下の余白

<button> のパディング

<div> の中の
ボタン <button> の下の余白

■ **ボタンの中の画像の下の余白を削除する**

ボタンの中の画像の下に入る余白は、P.176 の方法で削除できます。<svg> に vertical-align: bottom と display: block を適用すると、それぞれ次のようになります。

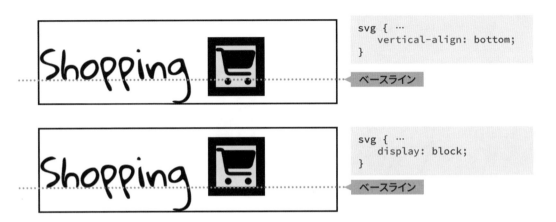

```
svg { …
    vertical-align: bottom;
}
```
ベースライン

```
svg { …
    display: block;
}
```
ベースライン

■ **ボタンの下の余白を削除する**

続けて、ボタンの下に入る余白も、画像と同じ方法で削除できます。<button> に vertical-align: bottom と display: block を適用すると、それぞれ次のようになります。画像 <svg> の下の余白はどちらの方法で削除していても同じ表示結果になります。

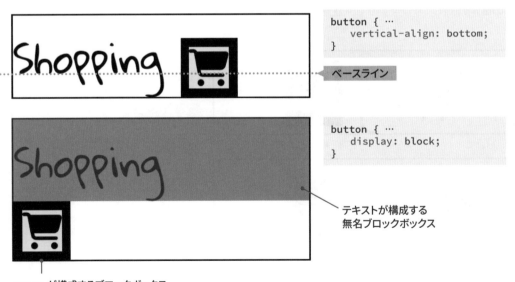

```
button { …
    vertical-align: bottom;
}
```
ベースライン

```
button { …
    display: block;
}
```

テキストが構成する
無名ブロックボックス

<svg> が構成するブロックボックス

中身がブロック要素のみで構成されている場合

ブロック要素の中身がブロック要素のみの場合、行ボックスといったものが構成されることはなく、ブロック要素がそのまま縦に並べられます。そのため、<u>中身のブロック要素の高さの合計が親のブロック要素の高さ</u>となります。中身のブロック要素の個々の高さは、P.170 の 3 パターンの処理で決まります。

たとえば、ブロック要素 <main> の中に、ここまでに作成した 3 つのブロック要素 <div> を入れて並べます。各 <div> には .box01 ～ .box03 とクラスをつけて黒枠を削除し、背景色で区別できるようにしています。それぞれの高さは上から順に 95px、144px、95px となっていますので、<main> が構成するブロックボックスの高さはこれらの合計で 334px となります。

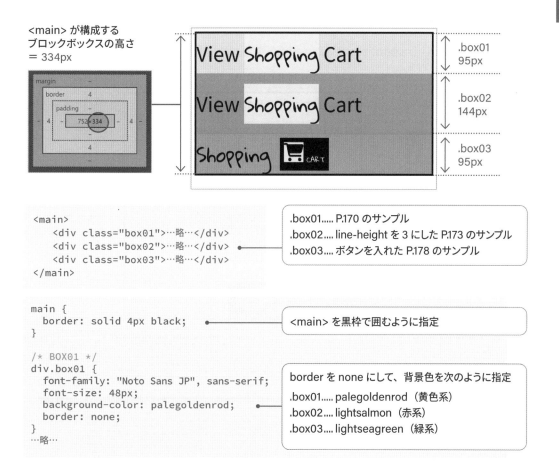

```
<main>
    <div class="box01">…略…</div>
    <div class="box02">…略…</div>
    <div class="box03">…略…</div>
</main>
```

> .box01..... P.170 のサンプル
> .box02.... line-height を 3 にした P.173 のサンプル
> .box03.... ボタンを入れた P.178 のサンプル

```
main {
  border: solid 4px black;
}
```

> <main> を黒枠で囲むように指定

```
/* BOX01 */
div.box01 {
  font-family: "Noto Sans JP", sans-serif;
  font-size: 48px;
  background-color: palegoldenrod;
  border: none;
}
…略…
```

> border を none にして、背景色を次のように指定
> .box01..... palegoldenrod（黄色系）
> .box02.... lightsalmon（赤系）
> .box03.... lightseagreen（緑系）

181

中身がブロック要素とインラインレベル要素で構成されている場合

ブロック要素の中身がブロック要素とインラインレベル要素で構成されている場合、インラインレベル要素は「**無名ブロックボックス（anonymous block box）**」に入っているものとして処理されます。無名ブロックボックスには、無名ではない親のブロック要素の設定が継承されます（フォントなどの継承される設定のみ）。

テキストについては P.170 のように無名インラインボックスを構成するため、インライン要素と同様の扱いになります。そのため、テキストも無名ブロックボックスに入っているものとして処理されます。

そして、中身のブロック要素と無名ブロックボックスの高さの合計が親のブロック要素の高さとなります。

たとえば、前ページのブロック要素のみを並べたサンプルの中に、直書きのテキストと 2 つのインラインレベル要素（<span> と <svg>）を追加すると次のようになります。

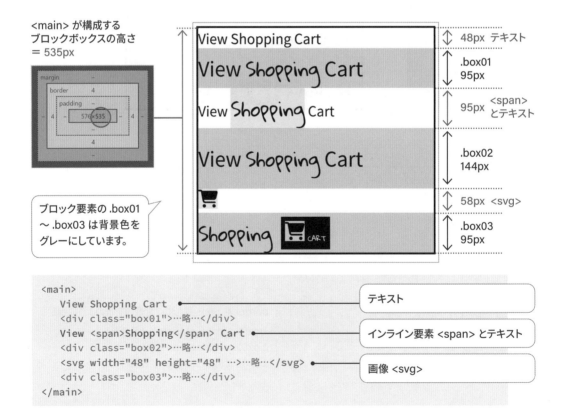

<main> が構成する
ブロックボックスの高さ
＝ 535px

ブロック要素の .box01
〜 .box03 は背景色を
グレーにしています。

48px テキスト

.box01
95px

95px　<span>
とテキスト

.box02
144px

58px　<svg>

.box03
95px

```
<main>
    View Shopping Cart
    <div class="box01">…略…</div>
    View <span>Shopping</span> Cart
    <div class="box02">…略…</div>
    <svg width="48" height="48" …>…略…</svg>
    <div class="box03">…略…</div>
</main>
```

テキスト

インライン要素 <span> とテキスト

画像 <svg>

182

<main>と無名ブロックボックス

<main> は P.175 の <div> と同じ設定にしています。無名ブロックボックスはこの設定を継承します。そのため、無名ブロックボックスで構成される無名インラインボックスとその行ボックスの高さは 48px になります。

```
main {
  font-family:
   "Noto Sans JP", sans-serif;
  font-size: 33px;
  border: solid 4px black;
}
```

テキスト

テキストは無名インラインボックスを構成し、無名ブロックボックスに入っているものとして処理されます。その結果、P.175 のテキスト同じように無名インラインボックスの行ボックスの高さが 48px となり、無名ブロックボックスの高さも 48px となります。

インライン要素 <span>とテキスト

連続したテキストやインライン要素は 1 つの無名ブロックボックスに入っているものとして処理されます。<span> には P.170 の設定を適用していますので、全体の行ボックスの高さは 95px になり、無名ブロックボックスの高さも 95px となります。

```
main > span {
  font-family:
   "Gloria Hallelujah", cursive;
  font-size: 48px;
  background-color: yellow;
}
```

画像 <svg>

SVG 画像の <svg> も無名ブロックボックスに入っているものとして処理されます。無名ブロックボックスは P.175 の <div> と同じ設定になるので、P.176 と同じ構造になり、画像の下には余白が入ります。全体の行ボックスの高さは 58px になり、無名ブロックボックスの高さも 58px となります。

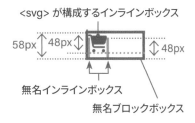

4.6 トラックサイズを決める処理

Grid Logic

それでは、ここまでの話を踏まえて、CSS グリッドのトラックサイズを決定するルールを確認していきます。サンプルから確認したい場合は、P.188 を参照してください。

┃ トラックサイズ

トラックサイズには常に「最小トラックサイズ」と「最大トラックサイズ」が設定されます。たとえば、「100px」と指定したトラックサイズは「minmax(100px, 100px)」となります。この形が基本になります。

「auto」の場合も「minmax(auto, auto)」です。ただし、フローレイアウトの際の auto とは全く異なりますので注意が必要です。

フレキシブルな fr 単位を使ったトラックサイズについては、最小トラックサイズが「auto」になりますので注意が必要です。最小トラックサイズの指定に fr は使用できません。fr については P.124 を参照してください。

■ 最小トラックサイズと最大トラックサイズ

トラックサイズとして設定される最小トラックサイズと最大トラックサイズを詳しく確認しておきます。以下の表のようになります。

値	最小トラックサイズ	最大トラックサイズ
auto	トラックに配置された各アイテムの「最小サイズ（min-width/min-heightの値）」のうち、一番大きいサイズ	トラックに配置された各アイテムの「最大コンテンツサイズ（max-content）」のうち、一番大きいサイズ
フレックス係数 (fr)	autoと同じ	指定したフレックス係数 (frの値)
長さ (pxなど)	指定した長さ	
パーセント値 (%)	指定したパーセント（コンテナに対して処理）	
min-content	トラックに配置された各アイテムの「最小コンテンツサイズ（min-content）」のうち一番大きいサイズ	
max-content	トラックに配置された各アイテムの「最大コンテンツサイズ（max-content）」のうち一番大きいサイズ	
fit-content(最大値)	autoと同じ	指定した最大値
minmax(最小値, 最大値)	指定した最小値 (frは使用不可)	指定した最大値

ここで注意が必要なのが、最小トラックサイズに auto が設定される場合です。参照されるアイテムの最小サイズ（min-width/min-height の値）が条件によって変化するためです。

最小サイズが「auto（自動最小サイズ）」だった場合、次の 3 つの条件を満たすと「最小コンテンツサイズ（min-content）」、満たさないと「0」で処理されます。

グリッドアイテムの自動最小サイズ（min-width: auto / min-height: auto）

グリッドアイテムが

- スクロールコンテナではない
- 最小トラックサイズが「auto」なトラック（複数のトラックをまたぐ場合は 1 つ以上が「auto」なトラック）に配置されている
- 複数のトラックにまたがって配置されている場合、それらにフレキシブルなトラック（最大トラックサイズを fr で指定したもの）がない

すべての条件を満たす ⬇　　　　　　⬇ いずれかの条件を満たさない

最小コンテンツサイズ（min-content）　　　　0

トラックサイズが確定されるステップ

ここまでの話を踏まえて、トラックサイズの決定プロセスを確認しておきます。最小トラックサイズと最大トラックサイズを使って次の ❶ 〜 ❹ のステップで確定されます。

まず、列のトラックに対して実行され、列のトラックサイズが確定します。

❶ トラックサイズを**最小トラックサイズ**にする
  - gap で指定したグリッドのガターは処理の都合上、空の固定サイズトラックとして扱う
  - この処理のあと、コンテナ内に余剰スペース（コンテナからトラックサイズの合計を除いたスペース）がある場合は ❷ の処理を行う

  ※この段階で余剰スペースがなくなったら処理は終了
  ※トラックサイズの合計がコンテナより大きくなっても縮小されることはない
　　（最小トラックサイズ以下のサイズにはならない）

❷ 各トラックに余剰スペースを割り振り、**最大トラックサイズ**を上限にトラックサイズを拡張する

※最大トラックサイズが「fr 単位」なトラックはこの処理の対象外

※最小トラックサイズ＝最大トラックサイズの場合は拡張されない

- 最大トラックサイズに達した場合、そのトラックはトラックサイズをフリーズする（それ以上大きくしない）
- この処理のあと、コンテナ内に余剰スペースが残る場合は❸の処理を行う

❸ **最大トラックサイズが「fr 単位」なトラック**に余剰スペースを割り振る

- トラックサイズがfr（フレックス係数）で指定した比率になるように、各トラックに余剰スペースを配分する
- 高さのようにグリッドコンテナが「中身に合わせたサイズ（P.160 の不確定サイズ）」になる場合、auto でトラックサイズを算出してフレックス係数で割り、そのうち一番大きいものを 1fr のサイズとして処理する（fr 単位を持つトラックが 1 つしかなかった場合は auto で算出したサイズで確定する）
- この処理を適用するトラックがなく、コンテナ内に余剰スペースが残る場合は❹の処理を行う

❹ **最大トラックサイズが「auto」なトラック**に余剰スペースを割り振る

- P.196 のトラックの位置揃え（justify-content / align-content）の処理が実行される（標準では stretch で処理され、auto なトラックに余剰スペースが割り振られる）

行のトラックに対しても同様に 4 つのステップが実行されます。その際、高さに関しては列のトラックサイズで確定していますので、これを考慮した形になります。

また、行のトラックサイズが確定したあと、ブラウザには必要に応じて列と行のトラックサイズを再調整することも認められています（アイテムの高さに応じて横幅が変わるようなケースで 1 回のみ）。

以上で、列と行のトラックサイズが確定します。このサイズは P.160 の「確定サイズ」として扱われます。

4

Grid Logic

すべてがautoなときのトラックサイズ

それでは、実際のサンプルで確認してみます。グリッドを構成するコンテナ、トラック、アイテムの
どれにもサイズを指定せず、初期値の「auto」の状態での決定の流れを確認します。

P.159 のサンプルと同じように <h1 class="item1"> を用意し、親要素の <div> でグリッドを構
成します。<div> に「**display: grid（display: block grid）**」を適用すると1列×1行のグリッ
ドが自動生成され、.item1 が自動配置されます。フローレイアウトのときと同じ表示結果に見え
ますが、そうなる理由は全く異なります。

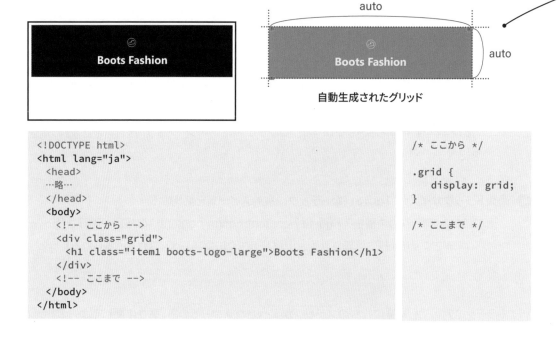

自動生成されたグリッド

```
<!DOCTYPE html>
<html lang="ja">
  <head>
  …略…
  </head>
  <body>
    <!-- ここから -->
    <div class="grid">
      <h1 class="item1 boots-logo-large">Boots Fashion</h1>
    </div>
    <!-- ここまで -->
  </body>
</html>
```

```
/* ここから */

.grid {
    display: grid;
}

/* ここまで */
```

グリッドの構成は右ページのようになっています。「auto」で処理されるので、グリッドアイテムと
なる .item1 のサイズは配置先のトラックサイズに合わせて決まります。同様に、「auto」で処理
されるトラックサイズは、そこに配置したアイテムのサイズによって決まることになっています。

サイズの決定が相互に依存した形になっていますが、上のようにきちんとトラックサイズが決まり、
それに合わせて .item1 が表示されます。

「auto」で処理されるコンテナ、トラック、アイテムのサイズ

グリッドコンテナ <div>

auto
（親要素に合わせたサイズ）

Boots Fashion

auto
（中身に合わせたサイズ）

※グリッドコンテナのdisplayは「block grid」なため、コンテナ自身はブロック要素となり、
P.159のように「親要素に合わせた横幅」と「中身に合わせた高さ」になります。

グリッドトラック

auto
（配置したアイテムに合わせたサイズ）

Boots Fashion

auto
（配置したアイテムに合わせたサイズ）

グリッドアイテム .item1

auto
（配置先に合わせたサイズ）

Boots Fashion

auto
（配置先に合わせたサイズ）

横幅と高さが
相互に依存

どう解決されるのか…？

■ トラックサイズが決まるまで

まずは、列のトラックから処理されます。サンプルの場合、列のトラックサイズは auto ＝ minmax(auto, auto) なので、最小トラックサイズと最大トラックサイズの両方が「auto」になります。P.185 の表を確認すると、「auto」のサイズはそれぞれ次のように決まります。

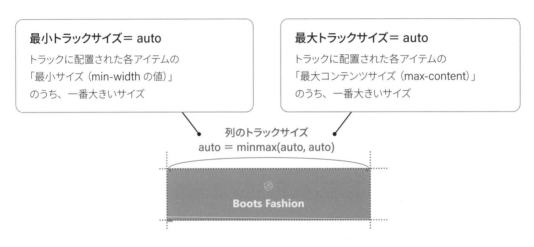

列のトラックに配置されたアイテムは .item1 だけです。そのため、最小トラックサイズは「.item1 の最小サイズ（min-width の値）」、最大トラックサイズは「.item1 の最大コンテンツサイズ（max-content）」となります。

ただし、.item1 の最小サイズ（min-width の値）は未指定なので、初期値の「auto（自動最小サイズ）」です。そのため、P.186 の条件を満たすかどうかでサイズが変わります。.item1 はすべての条件を満たすため、auto ＝「.item1 の最小コンテンツサイズ（min-content）」になります。

以上から、最小・最大トラックサイズは次のようになります。最小・最大コンテンツサイズについては P.163 を参照してください。

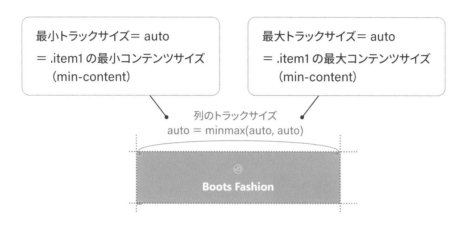

これらを使って、P.186 の「トラックサイズが確定されるステップ」が実行されます。まず、❶ のステップでトラックサイズが最小トラックサイズに設定され、❷ のステップで最大トラックサイズまで拡張されます。

❸ のステップは最大トラックサイズが「fr 単位」のトラックが対象なため、適用されません。❹ のステップで最大トラックサイズが「auto」なトラックに余剰スペースが割り振られ、列のトラックサイズが確定します。

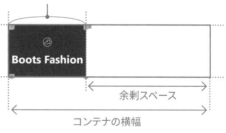

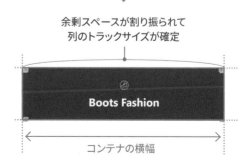

191

次に、行のトラックが処理されます。行のトラックサイズも auto なため、列のときと同じように最小・最大トラックサイズが .item1 の最小・最大コンテンツサイズになります。ただし、これらのサイズは確定した列のトラックサイズに合わせて .item1 を配置したときの高さになります。

さらに、コンテナの高さも auto なので、P.189 のように中身に合わせたサイズになります。そのため、❶のステップでトラックサイズを .item1 を配置したときの高さに設定すると、余剰スペースが 0 になり、行のトラックサイズが確定します。

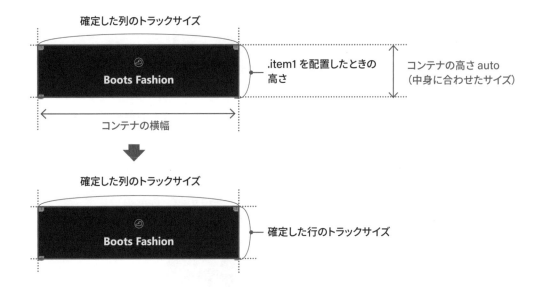

以上で、トラックサイズを決める処理は完了です。トラックサイズとアイテムサイズの両方が auto で相互に依存していても、きちんとトラックサイズが確定されることがわかります。トラックサイズの確定後、最後に改めてアイテムが配置され、グリッドレイアウトが完成します。

■ autoのトラックサイズも「確定サイズ」となる

auto のトラックサイズであっても、最終的に確定したトラックサイズは P.160 の「確定サイズ」として扱われます。そのため、アイテムのサイズをパーセント値 % で指定した場合でも表示に反映されます。

たとえば、.item1 の横幅と高さを 85% と指定すると次のようになります。トラックサイズが確定されるステップでは、パーセント値 % で指定したアイテムのサイズは「auto」として扱われます。そして、トラックサイズが確定したら、配置先に対して 85% のサイズでアイテムが配置されます。ただし、それに合わせてトラックサイズが変わることはありません。

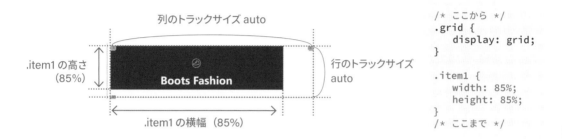

```
/* ここから */
.grid {
    display: grid;
}

.item1 {
    width: 85%;
    height: 85%;
}
/* ここまで */
```

■ autoのトラックサイズはアイテムの最小コンテンツサイズより小さくならない

auto のトラックサイズは P.191 のように**最小トラックサイズが「アイテムの最小コンテンツサイズ（min-content）」**となるケースが多く、そのサイズより小さくなりません。そのため、グリッドコンテナが小さくなると、収まらなくなったグリッドはオーバーフローします。.item1 の場合は次のようになり、ブラウザ画面に横スクロールバーが出現します。

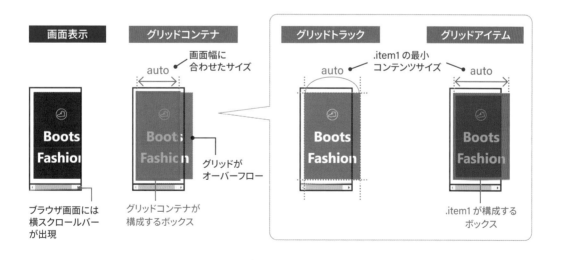

ブラウザ画面に横スクロールバーが出現するのを防ぐためには、中身がオーバーフローしているボックスに overflow: auto を適用し、スクロールコンテナにします。スクロールコンテナについては P.162 を参照してください。

CSS グリッドの場合、グリッドコンテナとグリッドアイテムに overflow を適用し、それぞれが構成するボックスをスクロールコンテナにすることができます。グリッドトラックが構成するセルをスクロールコンテナにする機能は用意されていません。なお、スクロールコンテナはグリッドコンテナとは関係ありませんので注意が必要です。

■ グリッドコンテナが構成するボックスをスクロールコンテナにした場合

グリッドコンテナに overflow: auto を適用します。すると、グリッドコンテナの構成するボックスがスクロールコンテナになり、オーバーフローしたグリッドがボックスに収まります。ただし、トラックサイズは変わりません。スクロールバーはブラウザ画面からグリッドコンテナが構成するボックスに移動します。

```
/* ここから */
.grid {
    display: grid;
    overflow: auto;
}
/* ここまで */
```

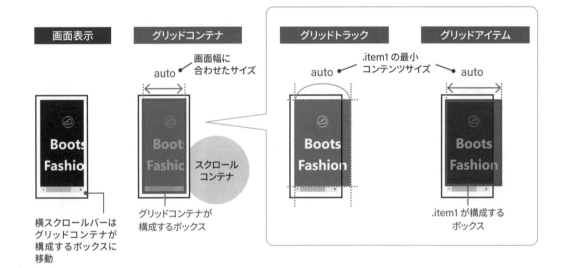

■ グリッドアイテムが構成するボックスをスクロールコンテナにした場合

グリッドアイテムの .item1 に overflow: auto を適用します。すると、.item1 の構成するボックスがスクロールコンテナになり、列のトラックサイズがアイテムの最小コンテンツサイズより小さくなります。

これは、P.186 の「アイテムがスクロールコンテナではない」という条件が満たされなくなり、**最小トラックサイズが「0」**で処理されるためです。P.186 の ❶ のステップでトラックサイズが「0」に設定され、❷ のステップで余剰スペースが割り振られることにより、列のトラックサイズは「グリッドコンテナの横幅」になります。

そして、トラックサイズに合わせて .item1 の横幅も「グリッドコンテナの横幅」になります。その結果、.item1 の中身が .item1 の構成するボックスからオーバーフローすることになりますが、.item1 にはoverflow: auto を適用しています。オーバーフローした中身はボックスに収められ、スクロールバーが .item1 の構成するボックスに移動します。

```
/* ここから */
.grid {
    display: grid;
}

.item1 {
    overflow: auto;
}
/* ここまで */
```

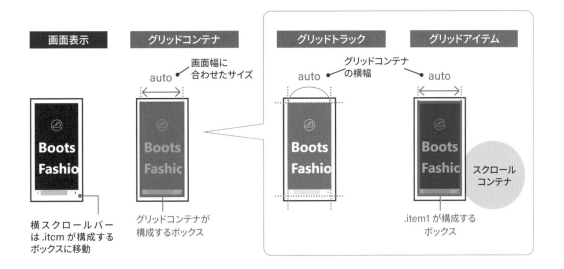

| 画面表示 | グリッドコンテナ | グリッドトラック | グリッドアイテム |

画面幅に合わせたサイズ
グリッドコンテナの横幅

横スクロールバーは .itcm が構成するボックスに移動

グリッドコンテナが構成するボックス

.item1 が構成するボックス

スクロールコンテナ

4

Grid Logic

195

グリッドコンテナでのトラックの位置揃え（配置）とトラックサイズ

トラックでのアイテムの位置揃えは P.157 の justify-items と align-items で指定できましたが、同じように、グリッドコンテナでのトラックの位置揃えは justify-content と align-content で指定できます。標準の設定は「stretch」になり、P.187 の ❹ のステップで最大トラックサイズが「auto」のトラックに余剰スペースが割り振られます。余剰スペースがない場合は処理されません。

たとえば、サンプルでは縦方向の余剰スペースがありませんでした。次のようにコンテナの高さを 100vh（ビューポートの高さ）にすると余剰スペースができ、行のトラックに割り振られます。

```
/* ここから */
.grid {
    display: grid;
    height: 100vh;
}
/* ここまで */
```

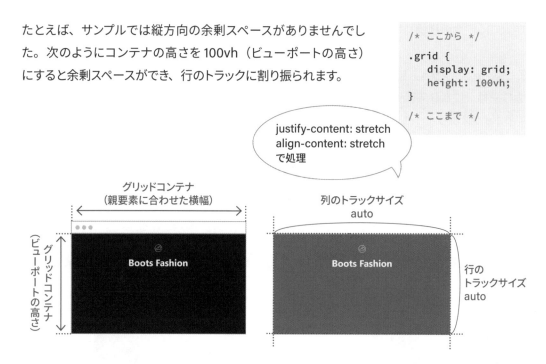

justify-content: stretch
align-content: stretch
で処理

グリッドコンテナ
（親要素に合わせた横幅）

グリッドコンテナ
（ビューポートの高さ）

Boots Fashion

列のトラックサイズ
auto

Boots Fashion

行の
トラックサイズ
auto

値	位置揃え	justify-content	align-content
start	開始サイド（左または上）に揃える	▮▮	▭
end	終了サイド（右または下）に揃える	▮▮	▭
center	中央に揃える	▮▮	▭
stretch	P.187の❹のステップを実行する	▮▮	▬
normal	stretchと同じ	▮▮	▬
space-between	トラック間にスペースを入れる	▮ ▮	▭
space-around	トラック間と外側にスペースを入れる	▮ ▮	▭
space-evenly	トラック間と外側に均等にスペースを入れる	▮ ▮	▭

stretch 以外にすると、❹ のステップで余剰スペースが割り振られる代わりに、コンテナ内でのトラックの配置が調整されます。たとえば、justify-content と align-content を「center」と指定すると、縦横中央揃えで配置されます。

❸ までのステップは完了していますので、トラックサイズは最大トラックサイズ（ここでは .item1 の最大コンテンツサイズ）になります。

```
/* ここから */

.grid {
    display: grid;
    justify-content: center;
    align-content: center;
    height: 100vh;
}

/* ここまで */
```

グリッドコンテナ
（親要素に合わせた横幅）

グリッドコンテナ
（ビューポートの高さ）

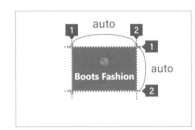

auto

auto

📖🔍 横方向と縦方向のトラックの位置揃えをまとめて指定する

横方向と縦方向のトラックの位置揃えは、place-content を使うとまとめて指定できます。

```
justify-content: center;           =        place-content: center;
align-content: center;
```

4.7 ネストしたグリッドとサブグリッド

Grid Logic

セマンティクスに応じて HTML でどうマークアップするかによって、コンテンツの階層は深くなるケースがあります。しかし、グリッドで配置をコントロールできるのは、グリッドコンテナの子要素（グリッドアイテム）のみです。孫要素やさらに深い階層の要素をコントロールするためには、ネストしたグリッドかサブグリッドを構成する必要があります。

ネストしたグリッドはそのままでは独立したグリッドとなりますが、行・列の構成を「サブグリッド」にすることで、親グリッドの構成を共有できます。これにより、メイングリッド（最上位の親グリッド）を使って、深い階層の配置までまとめてコントロールすることも可能になります。

ネストしたグリッドでコントロールする場合

ここでは P.110 の基本のグリッド「ライン」を元に、4 つの画像がリストとして <ul> と <li> でマークアップされたものを用意し、右のようにレイアウトします。

ネストしたグリッドを使う場合、メイングリッド <div class="grid"> では 2 列×1 行のグリッドを構成し、.item1 と <ul> を自動配置します。<ul> を配置する 2 列目と 1 行目のトラックサイズ（横幅と高さ）は auto と指定し、中身に合わせたサイズにします。ガター（gap）は 24px にしています。

画像の配置は <ul> でグリッドを構成してコントロールします。このグリッドが「ネストしたグリッド」となりますが、メイングリッドからは独立していますので、行・列の構成とガターを個別に指定します。ここでは 3 列×2 行の構成にして、ガター（gap）はメイングリッドと同じ 24px に指定しています。なお、1 行目のトラックサイズ（高さ）は auto と指定し、aspect-ratio で正方形にしたブーツの画像（.item2）に合わせた高さにしています。

メイングリッド
<div>

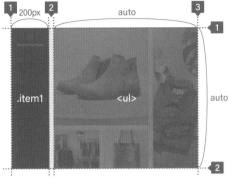

ネストしたグリッド
<ul>

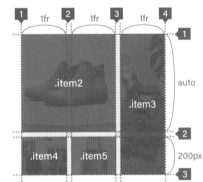

4

Grid Logic

<div style="callout">
<img>に付加していた.item2
〜.item5クラスは<li>に指定
</div>

```html
<!-- ここから -->
<div class="grid">
  <h2 class="item1 boots-logo">Boots Fashion</h2>
  <ul>
    <li class="item2"><img class="img-fill" src="../assets/img/boots.jpg" …/></li>
    <li class="item3"><img class="img-fill" src="../assets/img/shirts.jpg" …/></li>
    <li class="item4"><img class="img-fill" src="../assets/img/shop.jpg" …/></li>
    <li class="item5"><img class="img-fill" src="../assets/img/bag.jpg" …/></li>
  </ul>
</div>
<!-- ここまで -->
```

```css
/* ここから */

.grid {
  display: grid;
  grid-template-columns:
            200px auto;
  grid-template-rows: auto;
  gap: 24px;
}

ul {
  display: grid;
  grid-template-columns:
            1fr 1fr 1fr;
  grid-template-rows:
            auto 200px;
  gap: 24px;
}

.item2 {
  grid-column: 1 / 3;
  grid-row: 1;
}

.item3 {
  grid-column: 3;
  grid-row: 1 / 3;
}

.item2 img {
  aspect-ratio: 1 / 1;
}

/* ここまで */
```

.item2 と.item3 はライン番号で配置先を指定。
.item4 と.item5 は自動配置にしています

ブーツの画像のみ縦横比を
1:1 にして正方形に指定

199

サブグリッドでコントロールする場合

続けて、サブグリッドを使う場合は、メイングリッド <div class="grid"> で画像の配置もコントロールします。そのため、メイングリッドを 4 列× 2 行の構成にして、.item1 を列のライン 1、行のライン 1 〜 3 に、<ul> を列のライン 2 〜 5、行のライン 1 〜 3 に配置します。

次に、ネストしたグリッド <ul> をサブグリッドにします。ここでは列と行の両方をサブグリッドにするため、grid-template-columns と grid-template-rows を「subgrid」と指定します。これで、<ul> を配置した範囲のメイングリッドの列と行の構成が共有されます。その結果、サブグリッドは 3 列× 2 行になります。ガターも共有されるため、<ul> の gap の指定は削除します。
ライン番号は共有されず、新規に 1 から割り振られるため、画像（.item2 〜 .item5）の配置指定を変更する必要はありません。

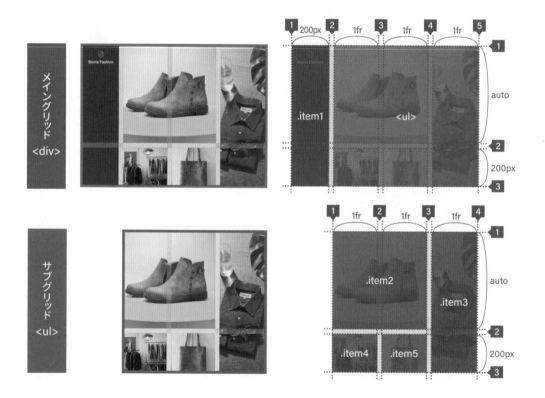

```
/* ここから */

.grid {
  display: grid;
  grid-template-columns: 200px 1fr 1fr 1fr;
  grid-template-rows: auto 200px;
  gap: 24px;
}

.item1 {
  grid-column: 1;
  grid-row: 1 / 3;
}

ul {
  grid-column: 2 / 5;
  grid-row: 1 / 3;
  display: grid;
  grid-template-columns: subgrid;
  grid-template-rows: subgrid;
  gap: 24px;   削除
}
```

```
.item2 {
  grid-column: 1 / 3;
  grid-row: 1;
}

.item3 {
  grid-column: 3;
  grid-row: 1 / 3;
}

.item2 img {
  aspect-ratio: 1 / 1;
}

/* ここまで */
```

サブグリッドの特徴

サブグリッドは通常のグリッドと同じように機能しますが、次のような特徴を持ち合わせています。

■ サブグリッドを配置した範囲の親グリッドの構成が共有される

親グリッドから共有されるのは、サブグリッドを配置した範囲のグリッドライン、トラックサイズ、ガター（gap）、ライン名です。ライン名にはエリア名から自動的に設定されるもの（P.137）も含まれます。たとえば、メイングリッドのラインに次のようにライン名をつけると、サブグリッドのアイテムを配置する際に使用できます。

```
.grid {
  display: grid;
  grid-template-columns:
    200px [main-start] 1fr 1fr [main-end] 1fr;
  …略…
}
…略…
.item2 {
  grid-column: main;
  grid-row: 1;
}
```

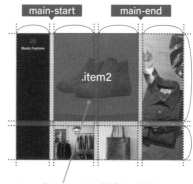

ライン名を main と指定して配置

■ ライン名は追加できる

サブグリッドにはライン名を追加できます。その場合、「subgrid」に続けてライン名のみを指定します。

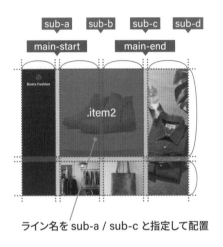

ライン名を sub-a / sub-c と指定して配置

```
.grid {
  display: grid;
  grid-template-columns:
    200px [main-start] 1fr 1fr [main-end] 1fr;
  …略…
}
…略…
ul {
  …略…
  grid-template-columns:
    subgrid [sub-a] [sub-b] [sub-c] [sub-d];
  grid-template-rows: subgrid;
}

.item2 {
  grid-column:  sub-a / sub-c;
  grid-row: 1;
}
```

■ ガターのサイズは変更できる

サブグリッドのガターのサイズは変更できます。サンプルではメイングリッドのガターを 24px にしていますが、サブグリッドのガターを 48px にすると次のようになります。ガターのサイズはラインを中心に変わります。そのため、サンプルのように 1fr で列の横幅を揃えていても、サブグリッドでは各列の横幅が異なるサイズになります。

```
.grid { …略…
  gap: 24px;
}
…略…

ul { …略…
  gap: 48px;
}
```

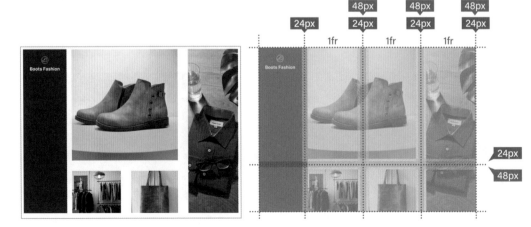

■ サブグリッドに配置したアイテムは親のトラックサイズを確定する処理に含まれる

サブグリッドに配置したアイテムは親のトラックサイズを確定する処理に含まれます。サンプルの場合、メイングリッドでトラックサイズをautoにした1行目が、サブグリッドに配置した .item2 に合わせた高さになっています。.item2 の縦横比を 3:2 に変えると、行の高さも変わることがわかります。

```
.item2 img {
  aspect-ratio: 3 / 2;
}
```

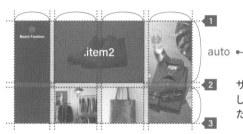

auto

サブグリッドに配置した画像に合わせた高さになります

■ 暗黙的なグリッドは生成されない

サブグリッドでは暗黙的なグリッド（P.142）は生成されません。暗黙的なグリッドの代わりに、サブグリッドの行・列の最終トラックが使用されます。たとえば、サブグリッド <ul> に新しい画像 .item6 を追加すると、次のように最終行に配置されます。

追加した画像。既存の画像に重なっています

通常のグリッドでは暗黙的な行が生成されて配置されるところですが、サブグリッドでは最終行に配置されます

```
<div class="grid">
  <h2 class="item1 boots-logo">Boots Fashion</h2>
  <ul>
    <li class="item2"><img class="img-fill" src="../assets/img/boots.jpg" …/></li>
    <li class="item3"><img class="img-fill" src="../assets/img/shirts.jpg" …/></li>
    <li class="item4"><img class="img-fill" src="../assets/img/shop.jpg" …/></li>
    <li class="item5"><img class="img-fill" src="../assets/img/bag.jpg" …/></li>
    <li class="item6"><img class="img-fill" src="../assets/img/socks.jpg" …/></li>
  </ul>
</div>
```

4

Grid Logic

position: absoluteによる 絶対位置指定とグリッド

position を使った位置指定は CSS グリッドでも使用できます。特に、グリッドアイテムに position: absolute を適用した場合、グリッドコンテナまたは配置先のエリアを基準に絶対位置 を調整できます。

グリッドアイテムの絶対位置が確定されるステップ

position: absolute を適用し、オフセット（top、bottom、right、left、inset）を指定したグリッ ドアイテムの絶対位置は次のように確定されます。実際のサンプルは次ページから確認します。

❶ 絶対位置指定したグリッドアイテムを除いて、グリッドが構成される

❷ 位置決定の基準となる包含ブロック（position の値が static 以外の祖先要素で、絶対位置 指定したアイテムから見て一番近くにあるもの）が
- グリッドコンテナ以外の場合、フローレイアウトのときと同じように処理される。該当す る包含ブロックがない場合、P.159 の初期包含ブロック（ビューポート）が基準となる
- グリッドコンテナの場合、アイテムの配置指定に応じて❸または❹が実行される

❸ 絶対位置指定したアイテムが「自動配置されるもの（P.148）」の場合、**包含ブロックがグ リッドコンテナのパディングエッジ（padding の 4 辺）**になり、オフセットで位置が決まる
- パディングエッジは絶対位置指定したアイテムの配置用に「拡張されたグリッドライン（0 と -0)」を構成するものとして扱われる

❹ 絶対位置指定したアイテムが「明示的に配置先を指定したもの（P.148）」の場合、**包含ブロッ クが配置先のエリア**になり、オフセットで位置が決まる
- ただし、省略された終了ラインは❸のパディングエッジで処理される
- 配置先がなくても暗黙的なグリッドは生成されず、❸のパディングエッジが配置先となる

自動配置されるアイテムにposition: absoluteを適用した場合

グリッドに自動配置されるアイテムに position: absolute を適用したときの表示を確認していきます。まずは P. 110 の基本のグリッド「ライン」を用意し、グリッドの設定を次のように変更します。grid-template-columns では auto のトラックを 4 列用意します。grid-template-rows は指定せず、行は自動生成にまかせます。5 つのアイテム（.item1 〜 .item5）の配置先は指定せず、自動配置にします。

この段階では position: absolute を指定していないため、グリッドの構成処理にはすべてのアイテムが含まれ、4 列× 2 行のグリッドになります。1 つ目のアイテムである .item1 は、1 つ目のセルに自動配置されています。

なお、グリッドコンテナ <div class="grid"> には 120px のパディングを挿入し、赤色のボーダーで囲んでいます。

4
Grid Logic

```
/* ここから */
.grid {
  display: grid;
  grid-template-columns: repeat(4, auto);
  gap: 10px;
  padding: 120px;
  border: solid 4px palevioletred;
}
/* ここまで */
```

4列分のautoはrepeat()でまとめて指定

```
<!-- ここから -->

<div class="grid">
  <h2 class="item1 …">Boots Fashion</h2>
  <img class="item2 img-fill" … />
  <img class="item3 img-fill" … />
  <img class="item4 img-fill" … />
  <img class="item5 img-fill" … />
</div>

<!-- ここまで -->
```

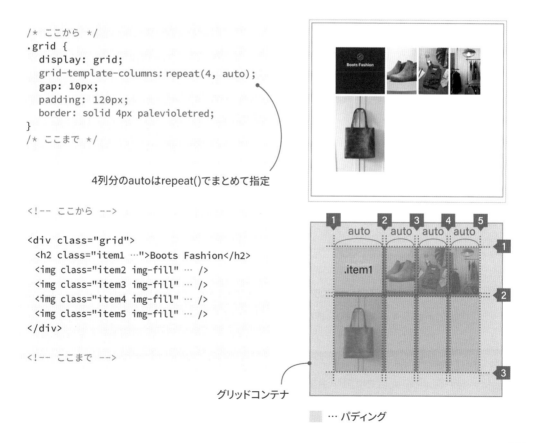

グリッドコンテナ

… パディング

205

続けて、グリッドコンテナに position: relative を適用し、位置指定の基準となる包含ブロックにします。1つ目のアイテム .item1 には position: absolute を適用し、top と left を 0 と指定して、絶対位置を包含ブロックの左上に指定します。これで、.item1 はグリッドコンテナのパディングエッジの左上に揃えた位置に配置されます。

```
.grid {
  display: grid;
  grid-template-columns: repeat(4, auto);
  gap: 10px;
  position: relative;
  padding: 120px;
  border: solid 4px palevioletred;
}

.item1 {
  position: absolute;
  top: 0;
  left: 0;
}
```

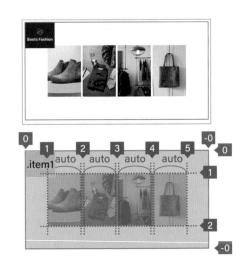

.item1 の絶対位置は P.204 のステップで次のように確定されています。

❶のステップで .item1 はグリッドの構成処理から除外されます。グリッドは残りの4つのアイテム（.item2 〜 .item5）で構成され、4列×1行になります。.item1 はグリッドの構造や他のアイテムの配置に一切影響を与えません。

❷のステップで位置決定の基準となる包含ブロックが判定されます。ここではグリッドコンテナを包含ブロックにしていますので、❸または❹が実行されることになります。.item1 は自動配置されるアイテムなので、ここでは❸が実行されます。

❸のステップにより、包含ブロックはグリッドコンテナのパディングエッジになります。パディングエッジ（padding の4辺）は拡張されたグリッドライン（0 と -0）を構成するものとして扱われます。.item1 は中身に合わせたサイズになり、行・列のライン 0 〜 -0 に配置したものとされます。あとは、配置先の4辺からのオフセット（top、bottom、right、left、inset）または P.155 の justify-self や align-self で位置が決まります。ここでは top と left を 0 に指定していますので、配置先の左上に揃えた位置に配置されます。

.item1 の width と height を 100% にすると、配置先（グリッドコンテナのパディングエッジ）に合わせたサイズになります。そのままでは他のアイテムの上に重なってしまうため、ここでは z-index を -1 と指定して下に重ねています。

```css
.grid {
  display: grid;
  grid-template-columns: repeat(4, auto);
  gap: 10px;
  position: relative;
  padding: 120px;
  border: solid 4px palevioletred;
}

.item1 {
  position: absolute;
  top: 0;
  left: 0;
  z-index: -1;
  width: 100%;
  height: 100%;
}
```

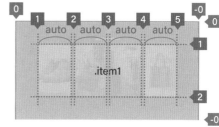

■ spanのみで配置先を指定したアイテムの場合

span のみで配置先を指定したアイテムも P.148 の「自動配置されるアイテム」に分類されるため、position: absolute を適用すると、配置先が未指定な場合と同じ表示結果になります。

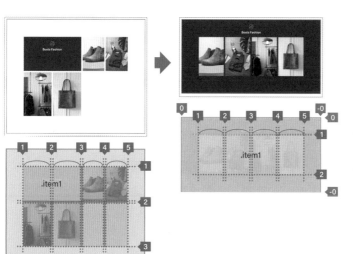

```css
…略…
.item1 {
  grid-column: span 2;
  grid-row: span 1;
  position: absolute;
  top: 0;
  left: 0;
  z-index: -1;
  width: 100%;
  height: 100%;
}
```

明示的に配置先を指定したアイテムにposition: absoluteを適用した場合

グリッドでの配置先を明示的に指定したアイテムに position: absolute を適用したときの表示を確認していきます。まずは P.205 のグリッドを使用し、1つ目のアイテム .item1 の配置先を指定します。配置先は grid-colum で列 2 ～ 4、grid-row で行 1 ～ 2 に指定しています。

この段階では position: absolute を指定していないため、グリッドの構成処理にはすべてのアイテムが含まれ、4 列× 2 行のグリッドになります。.item1 は指定した場所に配置されます。

```
/* ここから */
.grid {
  display: grid;
  grid-template-columns: repeat(4, auto);
  gap: 10px;
  padding: 120px;
  border: solid 4px palevioletred;
}

.item1 {
  grid-column: 2 / 4;
  grid-row: 1 / 2;
}
/* ここまで */
```

```
<!-- ここから -->

<div class="grid">
  <h2 class="item1 …">Boots Fashion</h2>
  <img class="item2 img-fill" … />
  <img class="item3 img-fill" … />
  <img class="item4 img-fill" … />
  <img class="item5 img-fill" … />
</div>

<!-- ここまで -->
```

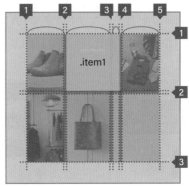

続けて、グリッドコンテナに position: relative を適用し、位置指定の基準となる包含ブロックにします。1つ目のアイテム .item1 には position: absolute を適用し、top と left で絶対位置を包含ブロックの左上に、width と height でサイズを 100% に指定します。opacity では .item1 を半透明にして、下になったアイテムが透けて見えるようにしています。

グリッドは P.204 の ❶ のステップで 4 列×1 行になります。.item1 は ❹ のステップで包含ブロックが配置先のエリア（列 2 ～ 4、行 1 ～ 2）として扱われ、次のような表示結果になります。

```css
.grid {
  display: grid;
  grid-template-columns: repeat(4, auto);
  gap: 10px;
  position: relative;
  padding: 120px;
  border: solid 4px palevioletred;
}

.item1 {
  grid-column: 2 / 4;
  grid-row: 1 / 2;
  position: absolute;
  top: 0;
  left: 0;
  width: 100%;
  height: 100%;
  opacity: 0.8;
}
```

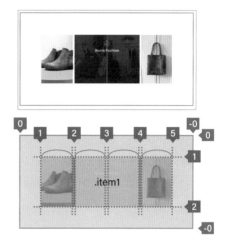

4

Grid Logic

■ ライン番号とspanで配置先を指定した場合

.item1 の列の配置先は grid-column で「2 / 4」と指定していますが、「2 / span 2」と指定することもできます。この場合も、P.148 の「配置先を明示的に指定したアイテム」に分類されるため、position: absolute を適用したときの表示結果は変わりません。

```css
…略…
.item1 {
  grid-column: 2 / span 2;
  grid-row: 1 / 2;
  position: absolute;
  top: 0;
  left: 0;
  width: 100%;
  height: 100%;
  opacity: 0.8;
}
```

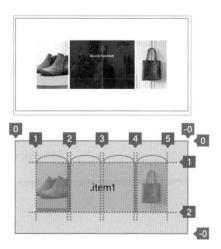

■ 終了ラインを省略して配置先を指定した場合

.item1 の行の配置先は grid-row で「1 ／ 2」と指定していますが、省略して「1」とだけ指定することもできます。この場合、「1 / auto」と指定したことになり、P.148 のグリッドアイテムを配置する処理では「1 / span 1」で扱われます。

しかし、絶対位置が確定されるステップでは、「1 / auto」の auto は自動配置と同じ扱いになります。その結果、行の終了ラインのみがグリッドコンテナのパディングエッジ（-0）となり、.item1 の包含ブロックとして扱われるエリアは列 2 〜 4、行 1 〜 -0 となります。

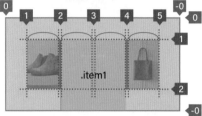

```
…
.item1 {
  grid-column: 2 / span 2;
  grid-row: 1;
  position: absolute;
  …略…
```

■ 配置先がない場合

絶対位置指定されたアイテムの配置先がない場合も、包含ブロックとして扱われるエリアはパディングエッジとなります。開始ラインがない場合は「0」、終了ラインがない場合は「-0」で処理されます。

右のように配置先を指定すると、存在するのは列の開始ライン「2」だけです。そのため、.item1 の包含ブロックとして扱われるエリアは列 2 〜 -0、行 0 〜 -0 となります。

配置先がないからといって、暗黙的なグリッドが生成されることはありません。

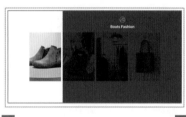

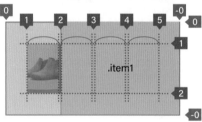

```
…
.item1 {
  grid-column: 2 / span 5;
  grid-row: 4 / 7;
  position: absolute;
  …略…
```

オフセットを指定しなかった場合の包含ブロックと
justify-self / align-self による位置揃え

position: absolute を適用したアイテムにオフセット（top、bottom、right、left、inset）を
指定しなかった場合、グリッドコンテナが包含ブロックかどうかによって、使用される包含ブロックが変わります。

さらに、justify-self と align-self（またはグリッドコンテナの justify-items と align-items）の指定が、包含ブロックに対する位置揃えとして表示に反映されるようになります。

■ グリッドコンテナが包含ブロックの場合

グリッドコンテナに position: relative が適用されて包含ブロックになっている場合、オフセットの指定がなくても P.204 の ❸ と ❹ で決まる包含ブロックが使用されます。アイテムが自動配置の場合はグリッドコンテナのパディングエッジ、明示的に配置先が指定されている場合は配置先のエリアです。

たとえば、P.206 のように自動配置した .item1
の top と left を削除し、justify-self を center、
align-self を start と指定します。すると、配置先（包含ブロック）となるパディングエッジの上部中央に揃えた表示になります。

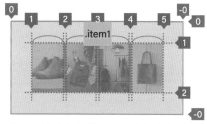

.item1がパディングエッジの上部中央に
配置されます

```
.grid {
  display: grid;
  grid-template-columns: repeat(4, auto);
  gap: 10px;
  position: relative;
  padding: 120px;
  border: solid 4px palevioletred;
}

.item1 {
  justify-self: center;
  align-self: start;
  position: absolute;
  top: 0;     削除
  left: 0;
}
```

4

Grid Logic

211

■ グリッドコンテナが包含ブロックではない場合

グリッドコンテナに position: relative が適用されず、包含ブロックになっていない場合、オフセットの指定がないとグリッドコンテナのコンテンツエッジが包含ブロックになります。アイテムの配置指定（自動配置かどうか）も影響しません。たとえば、前ページのサンプルからグリッドコンテナに適用した position: relative を削除すると次のようになります。

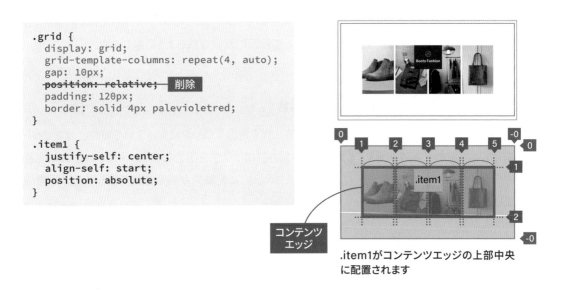

.item1がコンテンツエッジの上部中央に配置されます

なお、オフセットの指定があると P.204 の ❷ でフローレイアウトのときと同じように処理されます。サンプルでは初期包含ブロック（ビューポート）が使用され、画面の左上に配置されます。

.item1がブラウザ画面の左上に配置されます（justify-selfとalign-selfの指定は反映されなくなります）

サブグリッドのアイテムを親のグリッドに配置する

絶対位置指定を利用すると、ネストしたグリッドやサブグリッドのアイテムを親のグリッドに配置できます。

たとえば、P.203でサブグリッドに追加した画像 .item6 の配置先とオフセットを指定し、position: absolute を適用します。これでメイングリッド（親グリッド）に position: relative を適用すると、.item6 はメイングリッドの指定したセルに配置されます。

```
.grid {                              メイングリッド
  display: grid;
  grid-template-columns: 200px 1fr 1fr 1fr;
  grid-template-rows: auto 200px;
  gap: 24px;
  position: relative;
}
…略…

ul {                                 サブグリッド
  grid-column: 2 / 5;
  grid-row: 1 / 3;
  display: grid;
  grid-template-columns: subgrid;
  grid-template-rows: subgrid;
}
…略…

.item6 {
  grid-column: 1 / 2;
  grid-row: 2 / 3;
  position: absolute;
  inset: 16px;
}
```

.item6の配置先を列1〜2、行2〜3に、4辺からのオフセットを16pxに指定

```
<div class="grid">
  <h2 class="item1 boots-logo">Boots Fashion</h2>
  <ul>
    <li class="item2"><img class="img-fill" src="../assets/img/boots.jpg" …/></li>
    <li class="item3"><img class="img-fill" src="../assets/img/shirts.jpg" …/></li>
    <li class="item4"><img class="img-fill" src="../assets/img/shop.jpg" …/></li>
    <li class="item5"><img class="img-fill" src="../assets/img/bag.jpg" …/></li>
    <li class="item6"><img class="img-fill" src="../assets/img/socks.jpg" …/></li>
  </ul>
</div>
```

4

Grid Logic

213

4.9 アニメーションとグリッド

Grid Logic

CSS グリッドでは、次のプロパティで指定する「行・列のトラックサイズ」と「ガター」をアニメーションで変化させることができます。

アニメーション可能なプロパティ	指定できる値
grid-template-columns	明示的なグリッドの列のトラックサイズ（横幅）
grid-template-rows	明示的なグリッドの行のトラックサイズ（高さ）
grid-auto-columns ※	暗黙的なグリッドの列のトラックサイズ（横幅）
grid-auto-rows ※	暗黙的なグリッドの行のトラックサイズ（高さ）
gap (column-gap / row-gap)	ガター（列のガター / 行のガター）

※仕様ではアニメーションすることになっていますが、本書執筆時点では対応ブラウザがありません

たとえば、P. 110 の基本のグリッド「ライン」を用意し、.item2 にカーソルを重ねたら（ホバーしたら）行・列のトラックサイズとガターを変えるように指定します。

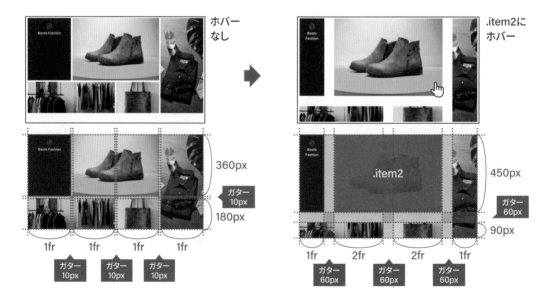

transition を 0.5s と指定して .item2 にカーソルを重ねると、0.5 秒かけてトラックサイズとガター
がアニメーションで変化します。カーソルを外すと元に戻ります。

.item2にホバー ——————————————————————————→

```
.grid {
  display: grid;
  grid-template-columns: 1fr 1fr 1fr 1fr;
  grid-template-rows: 360px 180px;
  gap: 10px;
  transition: 0.5s;
}
```

> ホバーしていない場合、グリッドの各列
> は1fr、各行は360pxと180px、ガターは
> 10pxに指定。

```
.grid:has(.item2:hover) {
  grid-template-columns: 1fr 2fr 2fr 1fr;
  grid-template-rows: 450px 90px;
  gap: 60px;
}
```

> .item2にホバーした場合、グリッドの2列
> 目と3列目を2fr、各行は450pxと90px、
> ガターは60pxに変更。

■ アニメーションにならないケース

アニメーションで変化させることができるのは、長さ（px など）、%、fr です。ただし、「長さ・%」
と「fr」との間ではアニメーションになりません。fr は余剰スペースを比率で配分する単位ですので、
fr から fr へ変化させる必要があります。

✕ アニメーションにならない

```
.grid {
  display: grid;
  grid-template-rows: 360px 180px 25%;
  transition: 0.5s;
}

.grid:has(.item2:hover) {
  grid-template-rows: 1fr 1fr 1fr;
}
```

◯ アニメーションになる

```
.grid {
  display: grid;
  grid-template-rows: 2fr 1fr 25%;
  transition: 0.5s;
}

.grid:has(.item2:hover) {
  grid-template-rows: 1fr 1fr 240px;
}
```

autoのトラックに可変サイズの画像を配置したときのトラックサイズ

サンプルでは .img-fill クラスで画像の横幅と高さの両方を 100% に指定しています。このようにパーセント値 % で可変サイズにした画像（置換要素）は、横幅の最小コンテンツサイズ（min-content）が「0」、最大コンテンツサイズ（max-content）が「画像のオリジナルサイズ」で処理されます。

そのため、次のように auto のトラックに配置すると、P.186 のステップ❶で最小トラックサイズが 0 に設定され、ステップ❷で最大トラックサイズ（各画像のオリジナルサイズ）を上限に余剰スペースが割り振られます。その結果、画像のオリジナルサイズを超える余剰スペースがない限り、すべての列が同じトラックサイズ（横幅）になります。

高さについては、確定した横幅に対してオリジナルの縦横比で決まるサイズが最小・最大コンテンツサイズとして扱われます。ここでは 2 列目に配置した画像が一番大きい高さになるため、それに合わせて行のトラックサイズ（高さ）が確定します。1 列目と 3 列目の画像は、確定した行の高さに合わせて 100% の高さになり、切り抜かれています。

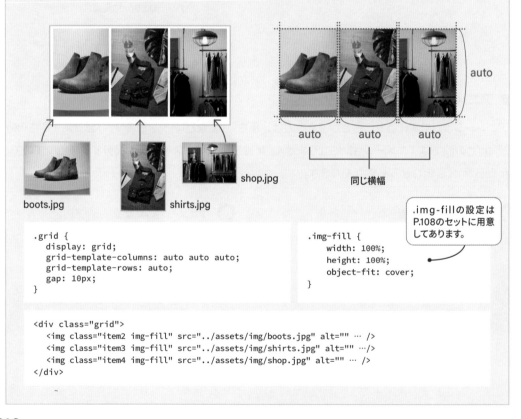

boots.jpg

shirts.jpg

shop.jpg

auto

auto　auto　auto

同じ横幅

.img-fillの設定は P.108のセットに用意してあります。

```
.grid {
    display: grid;
    grid-template-columns: auto auto auto;
    grid-template-rows: auto;
    gap: 10px;
}
```

```
.img-fill {
    width: 100%;
    height: 100%;
    object-fit: cover;
}
```

```
<div class="grid">
    <img class="item2 img-fill" src="../assets/img/boots.jpg" alt="" … />
    <img class="item3 img-fill" src="../assets/img/shirts.jpg" alt="" …/>
    <img class="item4 img-fill" src="../assets/img/shop.jpg" alt="" … />
</div>
```

Chapter

5

グリッドレイアウト
実践

CSS Grid

5.1 構築するレイアウト
Grid Practice

Chapter 4 までに見てきた CSS グリッドを活用して、各種レイアウトを構築していきます。構築の際には P.314 のモダン CSS もグリッドと組み合わせて活用します。

■ 聖杯レイアウト

ヘッダーとフッターを上下に配置し、中央をメイン部分と両サイドのサイドバーで構成するレイアウトです。ここでは Web アプリの UI 構築に使用します。

■ ダッシュボードUI

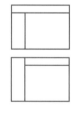

ヘッダー、サイドバー、メイン部分で構成するレイアウトです。ヘッダーを全幅にするかどうかでバリエーションができます。ここではダッシュボード UI の構築に使用し、サイドバーが開閉するように設定します。

■ チャットUI

メイン部分とフッター（メッセージ送信フォーム）で構成する
レイアウトです。ここではチャット UI の構築に使用します。ダッ
シュボード UI などと組み合わせて使うこともできます。

■ フルブリード・レイアウト

縦のラインで全幅やコンテンツ幅といった横幅をコントロール
するレイアウトです。サブグリッドも活用し、一貫したコントロー
ルを行います。ここではランディングページ（LP）の構築に
使用します。2 段組みのようなオーソドックスな Web ページ
の構築にも活用できます。

■ パンケーキ・スタック・レイアウト

Web ページでお馴染みの、ヘッダー、メイン、
フッターで構成するレイアウトです。ただし、
メインの分量が少なくても、フッターの下に
は余白が入らないようにします。
メインの分量が多い場合、フッターは画面に
固定することも、メイン部分に合わせて画面
外にずらしていくこともできます。

5

Grid Practice

レイアウトの構成パーツ

各種レイアウトの構成パーツも、CSS グリッドで構築します。まずはこれらのパーツを作成してから、レイアウトを構築していきます。

■ スタックレイアウト（縦並び・横並び）

■ アイコン付きリンクとボタン

■ 検索フォーム

■ ヘッダー

■ メインビジュアルとセクション

■ カード

■ データカード

■ カード型UI（グリッドビューレイアウト）　■ カード型UI（Bento UI）

■ フォーム

▨ 使用するSVGアイコン

サンプルでは下記の SVG アイコンを使用します。HTML に `<svg>` を埋め込む際には width と height 属性でサイズを指定して使用しています（どのアイコンを使用したかは各コードの下に掲載しています）。

Font Awesome
https://fontawesome.com/icons

Material Symbols
https://fonts.google.com/icons

Heroicons（v1）
https://v1.heroicons.com/

Ionicons
https://ionic.io/ionicons

5.2 スタックレイアウト（縦並び・横並び）

Grid Practice

スタックレイアウト（Stack layout）は要素を縦並び・横並びにするレイアウトです。グリッドの自動生成と自動配置を活用し、項目数が変わっても対応できる設定にします。ここではメニューやボタンを並べるのに使います。

縦並び

メニュー <ul> の display を grid と指定すると、メニューの中身である項目 <li> の数に合わせて 1 列× 3 行のグリッドが自動生成されます。各項目は自動配置され、縦並びになります。間隔は gap で 24 ピクセルのガターを入れて調整しています。さらに、グリッドアイテムの間隔が指定したガターより広くなるのを防ぐため、align-content を start（上）と指定しています。

```
.vertical {
    display: grid;
    gap: 24px;
    align-content: start;
}
```

```
<ul class="vertical">
    <li><a href="#">Home</a></li>
    <li><a href="#">Service</a></li>
    <li><a href="#">Contact</a></li>
</ul>
```

<button> と SVG アイコンで構成したアクションボタンも、同じ CSS で縦並びになります。

```
<div class="vertical">
    <button aria-label=" コピー "><svg …>…略…</svg></button>
    <button aria-label=" 高く評価 "><svg …>…略…</svg></button>
    <button aria-label=" 低く評価 "><svg …>…略…</svg></button>
</ul>
```

ボタンの中身はSVGアイコンのみなので、WAI-ARIAのaria-label属性でラベルを指定しています

※使用したSVGアイコン（24×24pxに指定）：
Material SymbolsのContent Copy、
Thumb Up、Thumb Down

横並び

メニューやボタンを自動配置で横並びにする場合、grid-auto-flow（P.153）を column と指定します。自動生成で列が増えるようになり、3 列×1 行のグリッドになります。justify-content ではトラックの配置を start（左）と指定し、アイテムの間隔が広くなるのを防いでいます。

```
.horizontal {
    display: grid;
    grid-auto-flow: column;
    gap: 24px;
    justify-content: start;
}
```

`<ul class="horizontal">…略…</ul>`

`<div class="horizontal">…略…</ul>`

 グリッドアイテムの間隔が広がる

よくあるトラブル

グリッドコンテナの横幅や高さが大きく、justify-content や align-content でトラックの配置が未指定の場合、グリッドアイテムの間隔が広くなるケースがあります。これは、トラックの配置が標準では「stretch」で処理され、P.196 のようにサイズが auto のトラックにコンテナ内の余剰スペースが割り振られるためです。

横並びでjustify-content
が未指定の場合

グリッドコンテナが構成するボックス

間隔が広くなるのを防ぐためには、justify-content や align-content を stretch 以外にします。ここでは start と指定し、トラックをコンテナ内の左または上に揃えて配置するようにしています。

横並びでjustify-content
をstartに指定した場合

グリッドコンテナが構成するボックス

よくあるトラブル

ボタンのマークアップによってグリッドの高さが変わる

UI 設計で複数のボタンを並べると、処理系統の違いによってマークアップの異なるボタンが混在することがあります。マークアップによっては余計な余白が入り、グリッドが想定と異なる高さになってしまうため、注意が必要です。

たとえば、アクションボタン <button> を P.223 の CSS で横並びにしたグリッドは、ボタンの中に入れた SVG アイコンと同じ 24px の高さになります。

 ↕ 24px

```
<div class="horizontal">
  <button aria-label=" コピー ">
    <svg …> …略… </svg>
  </button>
  <button aria-label=" 高く評価 ">
    <svg …> …略… </svg>
  </button>
  <button aria-label=" 低く評価 ">
    <svg …> …略… </svg>
  </button>
</div>
```

しかし、右のように評価ボタンがそれぞれ <div> でマークアップされていると、グリッドの高さが大きくなります（ここでは 30px になっています）。

 ↕ 30px

```
<div class="horizontal">
  <button aria-label=" コピー ">
    <svg …> …略… </svg>
  </button>
  <div>
    <button aria-label=" 高く評価 ">
      <svg …> …略… </svg>
    </button>
  </div>
  <div>
    <button aria-label=" 低く評価 ">
      <svg …> …略… </svg>
    </button>
  </div>
</div>
```

これは、<button> がインラインレベル要素で、P.179 のようにボタンの下に余白が入るために生じるトラブルです。

<div> でマークアップしていない <button> はグリッドアイテムとなるため、インラインレベル要素としては扱われず、ボタンの下に余白は入りません。
しかし、<div> でマークアップした場合、グリッドアイテムとなるのは <div> です。<div> の中身はフローレイアウトになり、<button> はインラインレベル要素のまま扱われることから、余白が入るというわけです。

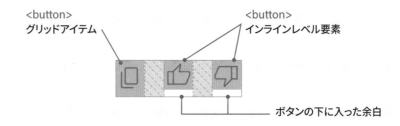

ボタンの下に余白が入るのを防ぐためには、P.180 のように <button> に対して display:block または vertical-align:bottom を適用します。

```
button {
  display: block;
}
```

なお、本来は画像の下にも余白が入りますが、Tailwind などと同様に、P.108 のセットで用意したリセット CSS で <img> や <svg> に display: block を適用し、余白が入らないようにしてあります。

5.3 アイコン付きリンクとボタン

Grid Practice

リンクやボタンにアイコンを付け、グリッドで配置を指定します。

アイコンとテキストを縦に並べる

リンク <a> やボタン <button> の中身は、SVG アイコ
ン <svg> とテキストの 2 つです。これらを縦に並べる
ため、<a> と <button> の display を grid と指定して
1 列 × 2 行のグリッドを自動生成します。

2 つのアイテムは自動配置されます。これらは横方向中
央で揃えたいので、justify-items でトラックに対するア
イテムの横方向の位置揃えを center と指定しています。

```
.with-icon-vertical {
    display: grid;
    justify-items: center;
    font-size: 12px;
}
```

テキストは補足的なものとして、
フォントサイズを小さくしています

```
<a href="#" class="with-icon-vertical">
    <svg width="32" height="32" …> …略… </svg>
    ホーム
</a>
```

```
<button class="btn with-icon-vertical">
    <svg width="32" height="32" …> …略… </svg>
    カート
</button>
```

※ .btn は黒色のボタンの形にするクラスです。このクラスは P.108 のセットにあらかじめ用意してあります。
※使用したSVGアイコン（32×32pxに指定）：Heroicons（v1）のhome、shopping-cart

アイコンとテキストを横に並べる

アイコンをテキストの左側に並べる場合、2 列 × 1 行のグリッドにするため、grid-template-
columns で列のトラックサイズ（列の横幅）を「auto 1fr」と指定します。

1列目には SVG アイコンが、2列目にはテキストが
自動配置されますので、1列目は中身に合わせた横
幅（auto）に、2列目は余剰スペースを使う横幅（1fr）
にしています。gap ではアイコンとテキストの間隔
を 16px に、align-items では縦方向の位置揃えを
center（中央）に指定しています。

```css
.with-icon-horizontal {
  display: grid;
  grid-template-columns: auto 1fr;
  gap: 16px;
  align-items: center;
}
```

```html
<a href="#" class="with-icon-horizontal">…
```

```html
<button class="btn with-icon-horizontal">…
```

よくあるトラブル

ボタン内で横並びにしたアイコンとテキストの間隔が広がる

ボタンはインラインレベル要素なため、標準では中身に合わせた横幅になり、アイコンとテキストの間隔が広がることはありません。しかし、ボタンの横幅を大きくすると間隔が広がります。<button> にはブラウザの UA スタイルシートで text-align: center が適用され、テキストが中央揃えになるためです。

```css
.with-icon-horizontal {
  width: 100%;
  …
```

間隔が広がるのを防ぐには、次のような方法があります。

```css
.with-icon-horizontal {
  width: 100%;
  text-align: left;
…
```

テキストを左揃えにするため、
text-align: left を適用。

```css
.with-icon-horizontal {
  width: 100%;
  display: grid;
  grid-template-columns: auto auto;
  gap: 16px;
  justify-content: center;
  align-items: center;
}
```

アイコンとテキストをボタンの中央に配置するため、2列目のトラックサイズを auto に変更し、justify-content を center と指定。auto にするのは、1fr のトラックがあると P.187 の ❸ の処理で余剰スペースがなくなり、❹ の justify-content の処理が実行されないためです。

5

Grid Practice

227

■ 両サイドにアイコンを入れる場合

リンク内にもう1つアイコンを追加して右サイドに並べる場合、前ページの横並びの設定 .with-icon-horizontal では2行になってしまいます。これは、grid-template-columns で列の構成を2列に指定しているためです。

```css
.with-icon-horizontal {
  display: grid;
  grid-template-columns: auto 1fr;
  gap: 16px;
  align-items: center;
}
```

```html
<a href="#" class="with-icon-horizontal">
  <svg width="32" height="32" …>…略…</svg>
ホーム
  <svg width="16" height="16" …>…略…</svg>
</a>
```

※使用したSVGアイコン（16×16pxに指定）：
　Heroicons（v1）のchevron-down

grid-template-columns を「auto 1fr auto」に変更し、3列×1行のグリッドにします。これで、アイコンが右サイドに並びます。

```css
.with-icon-double {
  display: grid;
  grid-template-columns: auto 1fr auto;
  gap: 16px;
  align-items: center;
}
```

```html
<a href="#" class="with-icon-double">
  <svg width="32" height="32" …>…略…</svg>
ホーム
  <svg width="16" height="16" …>…略…</svg>
</a>
```

なお、この設定で右サイドのアイコンを削除すると次のようになります。grid-template-columns の指定により、アイコンがなくても3列目が横幅0で構成され、ガター（gap）が挿入されています。

```html
<a href="#" class="with-icon-double">
  <svg width="32" height="32" …>…略…</svg>
ホーム
  <svg width="16" height="16" …>…略…</svg>
</a>
```

削除

ガター
16px

■ 右サイドのアイコンの有無に自動対応する場合

グリッドの設定を変えることなく、右サイドのアイコンの有無に自動対応する方法もあります。その場合、P.142 の<u>明示的なグリッドと暗黙的なグリッド（自動生成されるグリッド）を組み合わせて使用</u>します。

まず、左サイドのアイコンとテキストは明示的なグリッドに自動配置するため、grid-template-columns を「auto 1fr」と指定します。その上で、grid-auto-flow を「column」と指定し、暗黙的なグリッドの列が増えるようにします。
右サイドのアイコンの有無によって、グリッドの構成は次のようになります。

```css
.with-icon-auto {
  display: grid;
  grid-template-columns: auto 1fr;
  grid-auto-flow: column;
  gap: 16px;
  align-items: center;
}
```

▒ 右サイドのアイコンがない場合

grid-template-columns で指定した明示的なグリッドのみで、2 列×1 行の構成になります。右端にガターが入ることもありません。

```html
<a href="#" class="with-icon-auto">
  <svg width="32" height="32" …>…略…</svg>
  ホーム
</a>
```

▒ 右サイドのアイコンがある場合

明示的なグリッドだけでは右サイドのアイコンを配置するセルが足りないため、暗黙的なグリッドで 3 列目が自動生成され、3 列×1 行の構成になります。

```html
<a href="#" class="with-icon-auto">
  <svg width="32" height="32" …>…略…</svg>
  ホーム
  <svg width="16" height="16" …>…略…</svg>
</a>
```

5

Grid Practice

229

アイコン付きリンクを縦並びにしたメニュー

アイコン付きのリンクを縦に並べて、メニューを構成します。ここでは P.226 でアイコンとテキストを縦並びにしたリンク <a class="with-icon-vertical"> を 5 つ用意し、HTML のリストとして <ul> と <li> でマークアップします。

<ul> に P.222 の「縦並び」の CSS を適用すると、グリッドが自動生成され、リンクが縦に並びます。ガター（gap）は 16px にして、リンクの間隔を調整しています。

なお、現在地を示す .current クラスを付けたリンクは背景を薄いグレー（#f1f5f9）にしています。さらに、リンクにカーソルを重ねたときは少し濃いグレー（#e2e8f0）になるようにしています。

```css
.menu-vertical {
    display: grid;           ← P.222の縦並びのCSS
    gap: 16px;
    align-content: start;

    & a {
        padding: 8px 12px;
        border-radius: 8px;

        &.current {
            background-color: #f1f5f9;
        }

        &:hover {
            background-color: #e2e8f0;
        }
    }

    /* アイコン付きリンク：縦並び */
    .with-icon-vertical {…略…}   ← P.226のアイコン付き
}                                    リンクのCSS
```

.currentクラスを付けた
リンクの表示

カーソルを重ねたリンク
の表示

※リンク<a>内にはpaddingで余白を挿入し、
　border-radiusで角丸にしています

```html
<ul class="menu-vertical">
  <li><a href="#" class="with-icon-vertical">…略…</a></li>
  <li><a href="#" class="with-icon-vertical current">…略…</a></li>
  <li><a href="#" class="with-icon-vertical">…略…</a></li>
  <li><a href="#" class="with-icon-vertical">…略…</a></li>
  <li><a href="#" class="with-icon-vertical">…略…</a></li>
</ul>
```

※使用したSVGアイコン（32×32pxに指定）：Heroicons（v1）のhome、map、location-marker、camera、heart

アイコンとテキストを横並びにしたリンクに置き換えると次のようになります。ここでは各リンク
<a> のクラスを P.229「右サイドのアイコンの有無に自動対応するリンク」の .with-icon-auto
クラスにしています。

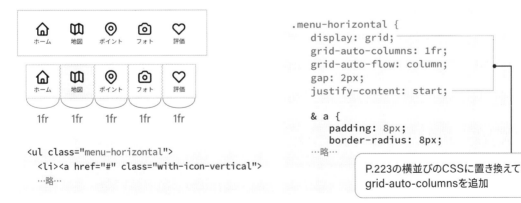

```
.menu-vertical {
    …略…
    /* アイコン付きリンク：
       横並び（右サイドのアイコンに自動対応） */
    .with-icon-auto {…略…}
}
```

P.229の.with-icon-autoクラス
のCSSを追加

```
<ul class="menu-vertical">
  <li><a href="#" class="with-icon-auto">…略…</a></li>
  <li><a href="#" class="with-icon-auto current">…略…</a></li>
  …略…
</ul>
```

アイコン付きリンクを横並びにしたメニュー

左ページの縦並びメニューを横並びメニューにする場合、縦並びの CSS を P.223 の横並びの
CSS に置き換えます。ただし、各リンクの横幅を揃えるため、自動生成される列のトラックサイ
ズを grid-auto-columns で「1fr」に指定しています。

```
.menu-horizontal {
    display: grid;
    grid-auto-columns: 1fr;
    grid-auto-flow: column;
    gap: 2px;
    justify-content: start;

    & a {
        padding: 8px;
        border-radius: 8px;
    …略…
```

P.223の横並びのCSSに置き換えて
grid-auto-columnsを追加

```
<ul class="menu-horizontal">
  <li><a href="#" class="with-icon-vertical">
    …略…
```

※gapやpaddingは小さくしています

5

Grid Practice

231

5.4 検索フォーム

Grid Practice

入力欄とアイコンボタンで検索フォームを構成し、グリッドで配置を指定します。

入力欄の横にアイコンボタンを配置

入力欄 \<input\> の右側にアイコンボタン \<button\> を配置するため、\<form\> で2列×1行のグリッドを構成します。ここでは grid-template-columns で列のトラックサイズ（トラックの横幅）を「1fr auto」と指定し、1列目に自動配置される入力欄の横幅が可変になるようにしています。

```css
.search-01 {
  display: grid;
  grid-template-columns: 1fr auto;
  gap: 8px;
  align-items: center;
}
```

gap では入力欄とボタンの間隔を、align-items では縦方向の位置揃えを指定

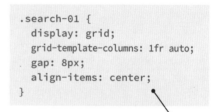

```html
<form class="search-01">
    <label for="search" class="sr-only"> 検索 </label>
    <input type="search" id="search" placeholder="Search" />
    <button type="submit" aria-label=" 検索する " class="btn-icon-black">
        <svg width="24" height="24" …>…略…</svg>
    </button>
</form>
```

※入力欄のラベル \<label\> は .sr-only クラスで非表示に、ボタンは .btn-icon-black クラスで黒色にしています。これらは P.108 のセットにあらかじめ用意してあります。
※使用したSVGアイコン（24×24pxに指定）：Heroicons（v1）のsearch

入力欄の中にアイコンボタンを入れる

入力欄の中にアイコンボタンを入れる場合、\<input\> と \<button\> を重ねて配置します。ここではボタンを左側に入れるため、grid-template-columns を「auto 1fr」に変更します。

その上で、ボタン <button> の配置先を列のライン1、行のライン1に、入力欄 <input> の配置先を列のライン1〜-1、行のライン1に指定し、重ねます。

なお、入力欄に入力したテキストにはボタンを重ねないようにするため、<input> の左パディングを大きくしてボタンを回避しています。

Q Search

```html
<form class="search-02">
    …
    <button type="submit" aria-label=" 検索する "
     class="btn-icon black">
        <svg>…略…</svg>
    </button>
</form>
```

※ボタンは .btn-icon-black クラスを削除し、
　背景を透明にしています

```css
.search-02 {
  display: grid;
  grid-template-columns: auto 1fr;
  gap: 8px;
  align-items: center;

  > button {
      grid-column: 1;
      grid-row: 1;
  }

  > input {
      grid-column: 1 / -1;
      grid-row: 1;
      padding-left: 48px;
  }
}
```

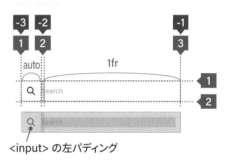

<input> の左パディング

5

Grid Practice

📖✨ **配置を指定したはずのアイテムが重ならない**
よくあるトラブル

入力欄とボタンのように、アイテムの配置を指定したはずなのに「重ならない!」となるケースがあります。たとえば、右のように grid-column で列の配置先だけを指定し、grid-row で行の配置先を指定していない場合に発生します。自動配置では重なりません。

P.148 の配置ルールを見ると、他のアイテムが占有済みのセルに配置するためには「行・列の両方の配置先を明示的に指定すること」が必要であることがわかります。

Q Search

Q Search

```css
…
  > button {
      grid-column: 1;
  }

  > input {
      grid-column: 1 / -1;
      padding-left: 48px;
  }
}
```

233

5.5 ヘッダー

Grid Practice

ヘッダーはロゴ、サイト名、ボタン、メニューなどを並べて構成します。このうち、ロゴとサイト名は左側に配置し、それ以外は並べるものが増減しても対応できるようにします。そのため、P.229 のアイコン付きリンクと同じように**明示的なグリッドと暗黙的なグリッド（自動生成されるグリッド）を組み合わせて使用**します。

まず、<header> の grid-template-columns を「auto 1fr」と指定し、2 列の明示的なグリッドを構成してロゴとサイト名を自動配置します。次に、grid-auto-flow を「column」と指定し、暗黙的なグリッドの列が増えるようにします。ここでは 4 つのアクションボタン <button> に合わせて 4 列の暗黙的なグリッドが自動生成され、ボタンが自動配置されます。

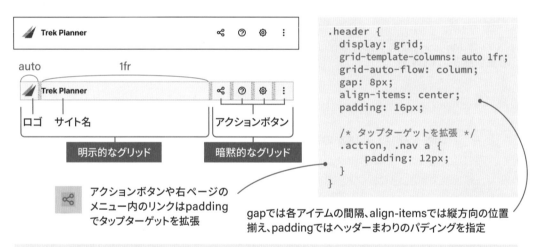

```
.header {
  display: grid;
  grid-template-columns: auto 1fr;
  grid-auto-flow: column;
  gap: 8px;
  align-items: center;
  padding: 16px;

  /* タップターゲットを拡張 */
  .action, .nav a {
    padding: 12px;
  }
}
```

アクションボタンや右ページのメニュー内のリンクはpaddingでタップターゲットを拡張

gapでは各アイテムの間隔、align-itemsでは縦方向の位置揃え、paddingではヘッダーまわりのパディングを指定

```
<header class="header">
    <div class="logo">
        <a href="#"><img src="../assets/contents/logo.svg" alt="" width="48" height="48" /></a>
    </div>
    <div class="site"><a href="#">Trek Planner</a></div>
    <button aria-label="シェア" class="action hide-on-mobile"><svg …>…略…</svg></button>
    <button aria-label="ヘルプ" class="action hide-on-mobile"><svg …>…略…</svg></button>
    <button aria-label="設定" class="action hide-on-mobile"><svg …>…略…</svg></button>
    <button aria-label="オプション" class="action"><svg …>…略…</svg></button>
</header>
```

※.logo、.site、.actionはロゴ、サイト名、アクションボタンのサイズをレスポンシブにするクラス、.hide-on-mobileはモバイルで非表示にするクラスです。これらはP.108のセットに用意してあります。
※使用したSVGアイコン（24×24pxに指定）：Heroicons（v1）のshare、question-mark-circle、cog、dots-vertical

レスポンシブでアイテム数が変わっても問題がないことを確認します。小さい画面（モバイル）では .hide-on-mobile クラスを指定した 3 つのアクションボタンが非表示になりますが、それに合わせて自動生成される暗黙的なグリッドも 1 列だけになります。

並べるアイテムを変えると以下のようになります。ここではナビゲーションメニュー、ログイン・登録ボタン、検索フォームを並べたり、ロゴをアクションボタンに置き換えたりしています。

```
<header class="header">
    <div class="logo"> …略… </div>
    <div class="site"><a href="#">Trek Planner</a></div>
    <ul class="nav hide-on-mobile"> …略… </ul>
    <button class="btn-small-outline hide-on-mobile"> ログイン </button>
    <button class="btn-small hide-on-mobile"> 登録 </button>
    <button aria-label=" オプション " class="action show-on-mobile"><svg …>…略…</svg></button>
</header>
```

※ナビゲーションメニューはP.223の<ul>の設定を元に、間隔を調整したCSSを.navクラスで用意。.btn-small-outlineと.btn-smallはボタンのスタイル、.show-on-mobileはモバイルでのみ表示するクラスです。

```
<header class="header">
    <button aria-label=" メニュー " class="action"><svg …>…略…</svg></button>
    <div class="site"><a href="#">Trek Planner</a></div>
    <form class="search hide-on-mobile"> …略… </form>
    <button aria-label=" シェア " class="action hide-on-mobile"><svg …>…略…</svg></button>
    …略…
</header>
```

※検索フォームはP.233の<form>の設定を元に、余白サイズや色を調整したCSSを.searchクラスで用意。
※使用したSVGアイコン: Heroicons（v1）のmenu

235

5.6 メインビジュアルとセクション
Grid Practice

メインビジュアルやセクションは、見出し、文章、ボタン、画像などで構成します。ここでは P.130 のテンプレート（エリア）の機能で各アイテムを配置し、エリアの構成を変えるだけでレイアウトをカスタマイズできるようにします。

縦並び

見出し .heading、文章 .text、ボタン .button、画像 .photo の 4 つのアイテムを縦に並べるため、<div> の grid-template-areas で 4 つのエリア（heading、text、button、photo）を次のように用意します。各アイテムは grid-area でエリア名を指定して配置します。

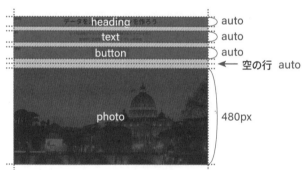

エリアの間隔は row-gap で 24px にしていますが、ボタンと画像の間隔は大きくしたいので、grid-template-areas で button エリアと photo エリアの間に空の行「.」を挿入しています。この行はトラックサイズを auto にすれば高さが 0 px になり、ボタンと画像の間に 2 つ分のガター（48px）が入ります。結果、グリッドの構成は 1 列 × 5 行となります。grid-template-rows では各行のトラックサイズ（高さ）を 1 〜 4 行目は auto に、画像を配置する 5 行目は 480px にしています。

justify-items と text-align は center と指定し、中身のテキストも含めて、すべてのアイテムを中央揃えにしています。

構造を変えなくても、モバイル
での表示にも対応します

4行分のautoはrepeat()で
まとめて指定

```css
.section-01 {
  display: grid;
  grid-template-areas:
    "heading"
    "text"
    "button"
    "."
    "photo";
  grid-template-rows:
    repeat(4, auto) 480px;
  row-gap: 24px;
  justify-items: center;
  text-align: center;
}
```

```css
/* アイテムの配置先 */
> .heading {
  grid-area: heading;
}

> .text {
  grid-area: text;
}

> .button {
  grid-area: button;
}

> .photo {
  grid-area: photo;
}
```

```html
<div class="section-01">
  <h2 class="heading"> データを活用してプランを作ろう </h2>
  <p class="text"> 日々の活動データとグローバルに集積されたデータを元に …略… プランを作成 </p>
  <button class="button"> 無料ではじめる </button>
  <img class="photo img-fill" src="../assets/rome/1.jpg"
   alt="" width="1724" height="2218" />
</div>
```

※セクション（.section-で始まるクラス）とその中身の.heading、.text、.button、.photoクラスに
　は、P.108のセットによってフォントサイズなどを整えるスタイルが適用されます。
　.img-fillは画像を配置先に合わせたサイズにするクラスです。

よくあるトラブル

テキストが中央揃えにならない

justify-items: center を適用しただけでは、グリッドアイ
テムは中央揃えになりますが、その中身のテキストは中央
揃えになりません。サンプルの場合、グリッドアイテムの
<h2> や段落 <p> は中身に合わせた横幅になり、トラック
の中央に配置されます。しかし、これらの中身（テキスト）
はフローレイアウトで処理されるため、標準では左揃えに
なります。テキストが1行だとわかりませんが、複数行にな
ると左揃えであることがわかります。

フローレイアウトでテキスト（インラインレベル要素）を中
央揃えにするためには、text-align: center を適用します。

5

横並び（画像の高さを横に並べたアイテムに揃える）

縦並びの設定を元に、見出し、文章、ボタンを画像の横に並べるため、grid-template-areas
で以下のようにエリアを構成します。画像に対する配置が縦方向中央になるように、heading エ
リアの上と button エリアの下には空のセル「.」を入れています。

その結果、グリッドは 2 列× 5 行の構成になりますので、列のトラックサイズ（列の横幅）は
grid-template-columns で 3:4 の比率に指定しています。行のトラックサイズ（行の高さ）は
1 行目と 5 行目は 96px に、2~4 行目は見出し、文章、ボタンに合わせた高さにするため auto
に指定しています。ただし、auto で指定した行の高さに画像が影響を与えるのを防ぐため、トラッ
クサイズ確定の処理から画像を除外する設定を追加しています（詳しくは右ページを参照してく
ださい）。

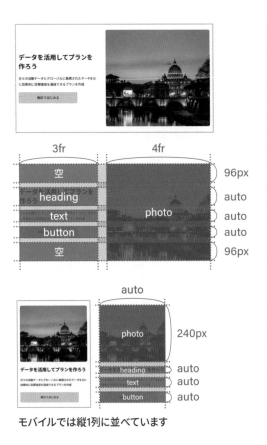

モバイルでは縦1列に並べています

```
<div class="section-02">…</div>
```

```css
.section-02 {
    display: grid;
    grid-template-areas:
        ". photo"
        "heading photo"
        "text photo"
        "button photo"
        ". photo";
    grid-template-columns: 3fr 4fr;
    grid-template-rows:
        96px repeat(3, auto) 96px;
    column-gap: 48px;
    row-gap: 24px;

    /* 行のトラックサイズ確定の処理から画像を除外 */
    > .photo {
        height: 0;
        min-height: 100%;
    }

    /* モバイル */
    @media (width <= 768px) {
        grid-template-areas:
            "photo"
            "heading"
            "text"
            "button";
        grid-template-columns: auto;
        grid-template-rows:
            240px repeat(3, auto);
    }

    /* アイテムの配置先 */
    …略…
}
```

238

画像の高さが横に並べたアイテムに揃わない
（画像によって行の高さが引き伸ばされる）

よくあるトラブル

画像は配置先に合わせた高さにするため、.img-fill クラスで height を 100% にしています。そのため、トラックサイズが auto の行に配置すれば、横に並べた見出しなどに合わせた高さにもできそうな気がします。しかし、画像の縦横比によっては行の高さが引き伸ばされます。

サンプルのようにトラックサイズが auto の行に画像を配置した場合、その行の高さを確定する処理には画像の高さの最小コンテンツサイズ（min-content）が影響を与えます。画像の横幅は列のトラックサイズで確定していますので、その横幅に対してオリジナルの縦横比で決まるのが「画像の高さの最小コンテンツサイズ」です。このサイズが同じ行に配置した見出しなどよりも大きかった場合、「最小トラックサイズ」として扱われます。auto の行のトラックサイズは P.186 の ❶ のステップで最小トラックサイズに設定されるため、次のような結果になります。

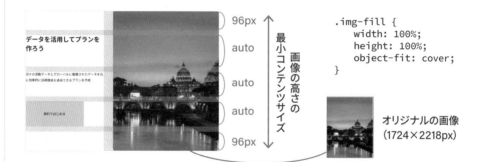

```
.img-fill {
    width: 100%;
    height: 100%;
    object-fit: cover;
}
```

オリジナルの画像
（1724×2218px）

auto の行のトラックサイズを確定する処理から画像を除外する場合、画像の height を「0」にします。すると、画像の高さの最小コンテンツサイズが「0」になり、各行が見出し、文章、ボタンに合わせた高さになります。ただし、画像が表示されません。

```
.img-fill {
    width: 100%;
    height: 100%;
    object-fit: cover;
}

.photo {
    height: 0;
}
```

5

Grid Practice

239

画像を表示するためには、min-height で画像の高さの最小値を 100% と指定します。パーセント値 % で指定したサイズは P.193 のようにトラックサイズが確定したあとに反映されるため、トラックサイズに影響を与えずに画像を表示できます。

```
.img-fill {
    width: 100%;
    height: 100%;
    object-fit: cover;
}

.photo {
    height: 0;
    min-height: 100%;
}
```

■ 画像を切り抜きたくない場合（画像全体を表示する場合）

画像を配置先に合わせたサイズにすると、画像全体は表示されず、一部を切り抜いた表示になります。しかし、画像によっては切り抜かず、全体を表示したいケースもあります。その場合、横並びの設定から「行のトラックサイズ確定の処理から画像を除外する設定」を削除します。これで画像はオリジナルの縦横比を維持した表示になります。

グリッドコンテナは画像に合わせた高さとなりますが、それに合わせて auto の行の高さが引き伸ばされるのを防ぐため、1 行目と 5 行目の高さは 96px から 1fr に変更します。

モバイルでは1行目の高さを240pxから
autoに変更し、画像に合わせた高さにしま
す。結果的にすべての行がautoになります
ので、ここではrepeat(4, auto)と指定して
います。

```
.section-02-image {
    …略…
    grid-template-rows:
        1fr repeat(3, auto) 1fr;
    column-gap: 48px;
    row-gap: 24px;

    /* 行のトラックサイズ確定の処理から画像を除外 */
    .photo {
        height: 0;
        min-height: 100%;
    }
```

削除

```
    /* Safari で画像の表示が崩れるのを防ぐ */
    > .photo {
        height: auto;
    }

    /* モバイル */
    @media (width <= 768px) {
        …略…
        grid-template-rows: repeat(4, auto);
    }
    …略…
```

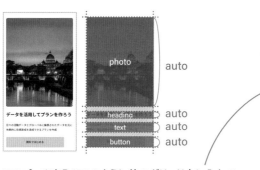

このパーツをP.274のように他のグリッド内に入れて
使用した場合、Safariではモバイルでの画像の表示
が崩れます。これを防ぐため、画像にheight: autoを
適用しています。

■ 画像の配置を逆にする場合

画像を左に配置する場合、grid-template-
areasで指定したエリアの構成を左右逆に
します。それに合わせて、grid-template-
columnsで指定した列のトラックサイズも
逆にします。
ここでは.section-02-imageをベースに設
定しています。

```
.section-02-image-reverse {
    display: grid;
    grid-template-areas:
        "photo ."
        "photo heading"
        "photo text"
        "photo button"
        "photo .";
    grid-template-columns: 4fr 3fr;
    grid-template-rows:
        1fr repeat(3, auto) 1fr;
    …略…
```

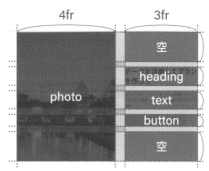

重ね合わせ（画像にアイテムを重ねる）

横並びの設定を元に、見出し、文章、ボタンを画像に重ねた配置にするため、grid-template-areas で次のようにエリアを構成します。ここでは heading、text、button エリアを中央に置き、空のセル「.」でまわりに余白を確保しています。その結果、グリッドは 3 列× 5 行の構成になります。列のトラックサイズは両サイドの列を 40px の横幅にして、中央を auto（残りのスペース）にしています。行のトラックサイズは横並びのときと同じです。

justify-items と text-align は center と指定し、縦並びのときと同じように中身のテキストも含めて、すべてのアイテムを中央揃えにしています。テキストの色は color で白色にしています。

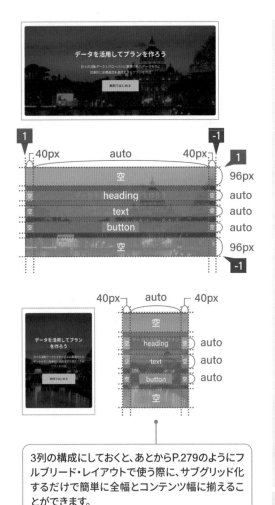

3列の構成にしておくと、あとからP.279のようにフルブリード・レイアウトで使う際に、サブグリッド化するだけで簡単に全幅とコンテンツ幅に揃えることができます。

```css
.section-03 {
  display: grid;
  grid-template-areas:
    ". . ."
    ". heading ."
    ". text ."
    ". button ."
    ". . .";
  grid-template-columns:
    40px auto 40px;
  grid-template-rows:
    96px repeat(3, auto) 96px;
  column-gap: 48px;          削除
  row-gap: 24px;
  justify-items: center;
  color: white;
  text-align: center;

  /* 行のトラックサイズ確定の処理から画像を除外 */
  > .photo {
    height: 0;
    min-height: 100%;
  }

  /* モバイル */
  @media (width <= 768px) {}   削除

  /* アイテムの配置先 */
  …略…
  > .photo {
    grid-column: 1 / -1;
    grid-row: 1 / -1;
    z-index: -1;
    filter: brightness(0.5);
  }
}
```

```html
<div class="section-03">…</div>
```

242

画像はグリッド全体を配置先にするため、photo エリアは設けていません。その代わり、画像 .photo の配置先は grid-column で列のライン 1 〜 -1、grid-row で行のライン 1 〜 -1 に指定しています。z-index は重なり順を一番下にするため「-1」に、filter は色合いを暗くするため brightness(0.5) と指定しています。

■ 画像の左下にアイテムを重ねる場合

画像の左下にアイテムを重ねる場合、justify-items を start、text-align を left と指定してアイテムを左揃えにします。さらに、上下の行の高さを 140px と 40px に変更し、アイテムの縦方向の位置を調整しています。

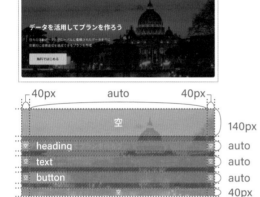

```
.section-03-align {
    display: grid;
    grid-template-areas: …略…;
    grid-template-columns:
        40px auto 40px;
    grid-template-rows:
        140px repeat(3, auto) 40px;
    row-gap: 24px;
    justify-items: start;
    color: white;
    text-align: left;
    …略…
```

■ グリッドコンテナの**height**で高さをコントロールする場合

グリッドコンテナの height で高さをコントロールする場合、可変サイズにする行の高さを fr で指定します。たとえば、上下の行を 1fr にすると次のようになります。

```
.section-03-height {
    …
    grid-template-rows:
        1fr repeat(3, auto) 1fr;
    …
    box-sizing: content-box;
    height: 600px;
```

box-sizingではheightにpaddingを含まないように指定しています

243

5.7 カード
Grid Practice

カードは関連した情報を 1 つにまとめ、わかりやすく提示できるパーツです。複数のカードを並べることで、さらに効果的に情報を伝えることもできます。

カードの構成要素はさまざまで、配置のバリエーションも多様です。そのため、P.130 のテンプレート（エリア）の機能で配置をコントロールし、DOM の構造を変えることなく、CSS のみでバリエーションも作成します。間隔や余白の調整にもトラックを使用し、「その余白はどの要素に属すべきものなのか？」と悩むことなくレイアウトを形にしていきます。

縦並び（画像を上に配置する）

画像 .photo、タイトル .title、サブタイトル .subtitle、アバター .avatar の 4 つのアイテムを次のように配置します。複雑なグリッドの構造はまとめて指定した方がわかりやすいので、ここでは P.135 の grid-template で配置先の 4 つのエリアと行列のトラックサイズを指定しています。余白を入れたい箇所に空のセル「.」を挿入すると、結果的に 5 列× 5 行のグリッドになります。

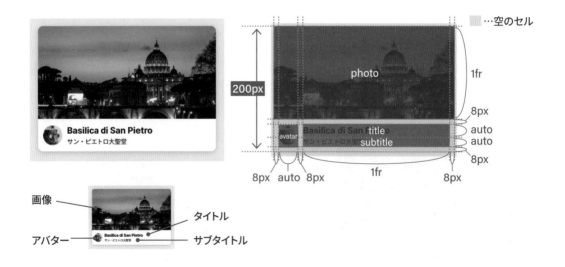

```
.card-01 {                                  /* アイテムの配置先 */
    display: grid;                          > .photo {
    grid-template:                              grid-area: photo;
        "photo photo photo photo photo" 1fr     }
        ". . . . ." 8px
        ". avatar . title ." auto           > .title {
        ". avatar . subtitle ." auto            grid-area: title;
        ". . . . ." 8px                         }
        / 8px auto 8px 1fr 8px;
    height: 200px;                          > .subtitle {
                                                grid-area: subtitle;
    /* 行のトラックサイズ確定の処理から画像を除外 */        }
    > .photo {
        height: 0;                          > .avatar {
        min-height: 100%;                       grid-area: avatar;
    }                                           align-self: center;
}                                           }
                                        }
```

> アイテムの配置先はgrid-area
> で指定。アバターはalign-selfで
> 配置先の縦方向中央に配置。

```
<div class="card-01">
    <img class="photo img-fill" src="../assets/rome/1.jpg"
     alt="" width="1724" height="2218" />
    <h2 class="title">Basilica di San Pietro</h2>
    <p class="subtitle"> サン・ピエトロ大聖堂 </p>
    <div class="avatar"><img src="../assets/avatar/1.jpg" … /></div>
</div>
```

※カード（.card-で始まるクラスを持つ要素）とその中の.photo、.title、.subtitle、.avatarクラスにはP.108のセットによっ
てフォントサイズなどを整えるスタイルが適用されます。
.img-fillは画像を配置先に合わせたサイズにするクラスです。

カードの高さはグリッドコンテナ <div class="card-01"> の height で 200px に指定しています。
コンテナに合わせて可変にするのは画像の高さにしたいので、photo エリアの行のトラックサイ
ズを 1fr に指定します。

なお、1fr は P.184 のように minmax(auto, 1fr) で処理されるため、トラックサイズが auto のと
きと同じように画像のオリジナルの縦横比で行の高さが引き伸ばされます。これを防ぐため、画
像 .photo には P.238 の 「行のトラックサイズ確定の処理から画像を除外する設定」 を適用して
います。

5

Grid Practice

245

■ 画像を下に配置する場合

画像を下に配置する場合、photo エリアの指定を末尾に移動します。grid-template では行ごとにトラックサイズ（高さ）もいっしょに指定していますので、行単位でのカスタマイズは簡単です。

```
grid-template:
    ". . . . ." 8px
    ". avatar . title ." auto
    ". avatar . subtitle ." auto
    ". . . . ." 8px
    "photo photo photo photo photo" 1fr
    / 8px auto 8px 1fr 8px;
```

横並び（画像を横に配置する）

画像を横に配置するため、縦並びの設定を元にgrid-template で次のようにエリアを構成します。photo エリアを左側に、title エリアなどを右側に用意することで、グリッドは 4 列× 5 行の構成になっています。

高さを 1fr で可変にするのは、アバターの配置先である avatar エリアがある行にしています。アバターは配置先の右下に揃えた配置にするため、place-self を end と指定しています。

```
.card-02 {
  display: grid;
  grid-template:
      "photo . . ." 20px
      "photo . title ." auto
      "photo . subtitle ." auto
      "photo . avatar ." 1fr
      "photo . . ." 20px
      / 40% 12px 1fr 12px;
  height: 120px;
  …略…

  > .avatar {
    grid-area: avatar;
    place-self: end;
  }
}
```

```
<div class="card-02">…</div>
```

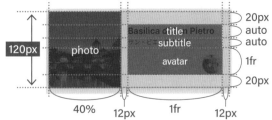

重ね合わせ（画像にアイテムを重ねる）

縦並びの設定を元に、画像にアイテムを重ねた配置にします。タイトル、サブタイトル、アバターの配置を変える必要はないため、エリアの構成は縦並びの設定をそのまま使用します。

画像はカード全体を配置先にするため、grid-column と grid-row を「1 / -1」と指定します。

また、::after 擬似要素で半透明な黒い帯を画像の下部に重ね、文字を読みやすくしています。この帯は列のライン1〜-1、行のライン2〜-1に配置しています。

`<div class="card-03">…</div>`

画像はカード全体に配置

半透明な黒い帯は下部に配置

```
.card-03 {
  …略…

  /* アイテムの配置先 */
  > .photo {
    grid-column: 1 / -1;
    grid-row: 1 / -1;
  }
  …略…

  > .avatar {
    grid-area: avatar;
    align-self: center;
  }
```

```
  &::after {
    content: "";
    grid-column: 1 / -1;
    grid-row: 2 / -1;
    background-color: rgb(0 0 0 / 50%);
  }

  > :not(.photo) {
    z-index: 1;
    color: white;
  }
}
```

画像以外のアイテムはz-indexで黒い帯の上に重ね、colorで文字を白色にしています

パディングで挿入した余白部分もグリッドの行列として使う場合
(position: absoluteとグリッドの組み合わせ)

カードの内側の余白をパディングで挿入すれば、その分だけグリッドの構成をシンプルにできます。ただし、カードの横幅いっぱいに表示したい画像のようなアイテムがある場合、どのように対応するかが問題になります。

たとえば、縦並び（画像を上に配置）のカードで、カード内の8pxの余白をグリッドコンテナのpaddingで挿入すると次のようになります。この場合、グリッドの構成は3列×4行ですみます。ただし、画像のまわりにも余白が入ります。

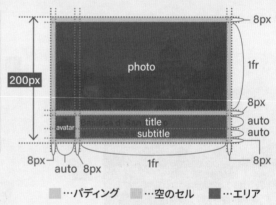

■…パディング　■…空のセル　■…エリア

```
.card-01-position {
  display: grid;
  grid-template:
    "photo photo photo" 1fr
    ". . ." 8px
    "avatar . title" auto
    "avatar . subtitle" auto
    / auto 8px 1fr;
  height: 200px;
  padding: 8px;
  …略…
```

```
  /* アイテムの配置先 */
  > .photo {
    grid-area: photo;
  }

  …略…
}
```

248

画像をパディングの部分にも配置するためには、絶対位置指定の position: absolute を使う方法があります。P.204 の絶対位置を確定する処理により、パディングエッジ（padding の 4 辺）がグリッドのライン 0 と -0 として扱われるためです。

その場合、グリッドコンテナに position: relative を、画像 .photo に position: absolute を適用します。これで画像を自動配置で処理するようにすれば、ライン 0 〜 -0 に配置できます。列は 0 〜 -0 に配置したいので、grid-column: auto と指定して開始・終了ラインの両方を自動配置にします。行は 0 〜 2 に配置したいので、grid-row: auto / 2 と指定し、開始ラインを自動配置に、終了ラインを 2 にします。

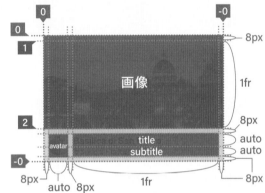

```
.card-01-position {
  display: grid;
  grid-template:
    "photo photo photo" 1fr
    ". . ." 8px
    "avatar . title" auto
    "avatar . subtitle" auto
    / auto 8px 1fr;
  position: relative;
  height: 200px;
  padding: 8px;
  …略…
```

```
/* アイテムの配置先 */
> .photo {
  grid-column: auto;
  grid-row: auto / 2;
  position: absolute;
}

…略…
}
```

なお、position: absolute を適用した画像はグリッドの構成処理から除外されます。ただ、ここでは grid-template で 3 列× 4 行のグリッドを構成するように指定し、1 行目の高さは 1fr に、グリッドコンテナの高さは 200px に指定していますので、画像が処理から除外されてもグリッドの構成には影響しません。

5.8　データカード

Grid Practice

データカードもカードの一種です。特に数値などのデータを視覚化し、わかりやすく提示するのに使用されます。カードの構成要素もさまざまなので、ここでも P.244 のカードと同じようにテンプレート（エリア）の機能で配置をコントロールします。

図表（チャート）については、ライブラリなどを利用して SVG や Canvas で出力されたものを使用するケースを想定していますが、ここでは外部の SVG ファイルを <img> で読み込んだもので代用します。

四隅にデータを配置する

データカードの基本形として、四隅にデータを配置します。ここではタイトル .title、サブタイトル .subtitle、データ .data、チャート .chart、アイコン .icon の 5 つのアイテムを四隅に配置するため、grid-template で次のようにエリアを構成しています。間隔を確保したい箇所に空のセル「.」を挿入すると、2 列 × 4 行の構成になります。カードの内側にはグリッドコンテナ <div class="datacard-01"> のパディングで余白を入れています。

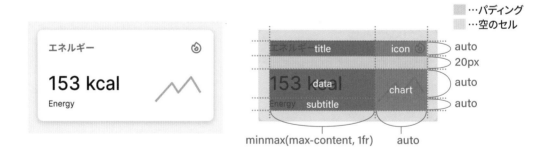

トラックサイズは行列ともに auto と指定し、中身に合わせた横幅や高さにします。ただし、1 列目のトラックサイズ（横幅）は minmax(max-content, 1fr) と指定し、可変サイズにするのと同時に、配置したアイテムの最大コンテンツサイズ（max-content）より小さくならないようにしています。

最大コンテンツサイズは P.163 のように改行を入れないときの横幅です。そのため、カードの横幅が小さくなったときに、テキストに改行が入るのを防ぐことができます。1fr と指定したときと比べると右のようになります。

1fr

minmax(max-content, 1fr)

```
.datacard-01 {
    display: grid;
    grid-template:
        "title icon" auto
        ". . " 20px
        "data chart" auto
        "subtitle chart" auto
        / minmax(max-content, 1fr) auto;
    padding: 16px;

    /* アイテムの配置先 */
    > .title {
        grid-area: title;
    }

    > .subtitle {
        grid-area: subtitle;
    }
```

```
    > .data {
        grid-area: data;
    }

    > .chart {
        grid-area: chart;
        align-self: center;

        & img {
            width: 100%;
        }
    }

    > .icon {
        grid-area: icon;
        justify-self: end;
    }
}
```

各アイテムの配置先は grid-area で指定

アイコンは justify-self で右揃えに指定

チャートは width:100% で横幅を配置先に揃え、align-self で縦方向中央に配置

```
<div class="datacard-01 background-white">
    <h2 class="title"> エネルギー </h2>
    <div class="subtitle">Energy</div>
    <div class="data">153 kcal</div>
    <div class="chart">
        <img src="../assets/chart/energy.svg" alt=" グラフ " width="78" height="55" />
    </div>
    <div class="icon" role="img" aria-label=" 詳細 ">
        <svg width="20" height="20" …>…略…</svg>
    </div>
</div>
```

<div class="icon"> の中身は SVG 画像のみなので、画像 (img) として WAI-ARIA の aria-label でラベルを指定。<div> を <button> にした場合、role 属性は不要になります。

※データカード（.datacard- で始まるクラスを持つ要素）とその中の .photo、.title、.subtitle、.avatar クラスには P.108 のセットによってフォントサイズなどを整えるスタイルが適用されます。.background-white はカードの背景を白色にするクラスです。

※使用した SVG アイコン（20×20px に指定）：Heroicons（v1）の fire

5

Grid Practice

下部を大きく使う

四隅にデータを配置するグリッドを元にすると、他のレイアウト構造も簡単に実現できます。たとえば、カードの下部にチャートを大きく入れるレイアウトにすると次のようになります。

ここではカード内のアイテムをタイトル、チャート、アイコンの3つにしています。それに合わせてサブタイトル（subtitle）エリアの行を削除し、データ（data）とチャート（chart）エリアで構成した行をチャート（chart）エリアだけの構成にしています。

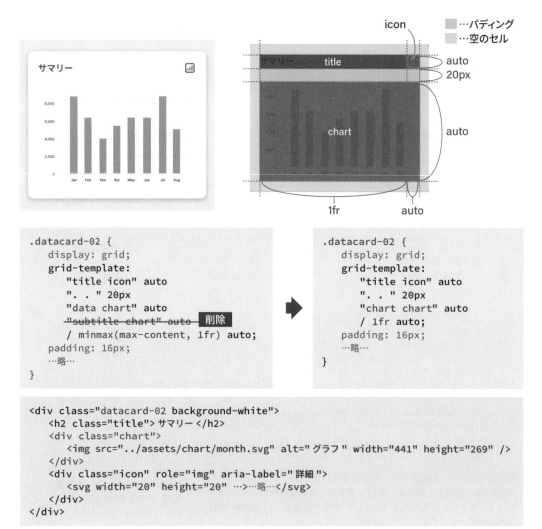

```
.datacard-02 {
    display: grid;
    grid-template:
        "title icon" auto
        ". . " 20px
        "data chart" auto
        "subtitle chart" auto   削除
        / minmax(max-content, 1fr) auto;
    padding: 16px;
    …略…
}
```

```
.datacard-02 {
    display: grid;
    grid-template:
        "title icon" auto
        ". . " 20px
        "chart chart" auto
        / 1fr auto;
    padding: 16px;
    …略…
}
```

```html
<div class="datacard-02 background-white">
    <h2 class="title"> サマリー </h2>
    <div class="chart">
        <img src="../assets/chart/month.svg" alt=" グラフ " width="441" height="269" />
    </div>
    <div class="icon" role="img" aria-label=" 詳細 ">
        <svg width="20" height="20" …>…略…</svg>
    </div>
</div>
```

※使用したSVGアイコン（20×20pxに指定）：Heroicons（v1）のchart-square-bar

なお、1列目のトラックサイズ（横幅）は 1fr に変更しています。minmax(max-content, 1fr) のままでは、P.186 の ❶ のステップでトラックサイズが画像の最大コンテンツサイズ（オリジナルの横幅）に設定され、グリッドがオーバーフローするためです。

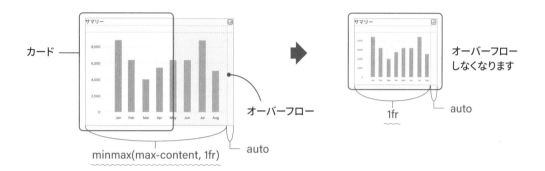

■ チャートをデータに変更した場合

下部に大きく入れるものをチャート（chart）からデータ（data）に変えると次のようになります。

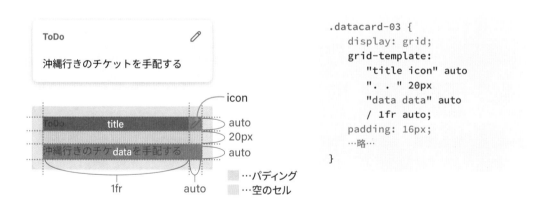

```css
.datacard-03 {
    display: grid;
    grid-template:
        "title icon" auto
        ". . " 20px
        "data data" auto
        / 1fr auto;
    padding: 16px;
    …略…
}
```

```html
<div class="datacard-03 background-green">
    <h2 class="title">ToDo</h2>
    <div class="data text-small"> 沖縄行きのチケットを手配する </div>
    <div class="icon" role="img" aria-label=" 詳細 ">
        <svg width="20" height="20" …>…略…</svg>
    </div>
</div>
```

※.background-greenは背景を緑色にするクラス、.text-smallはフォントサイズを小さくするクラスです。P.108の
　セットに用意してあります。
※使用したSVGアイコン（20×20pxに指定）：Heroicons（v1）のpencil

カードUI（グリッドビューレイアウト）

カード UI は、個々の情報をカードの形にしたものや、それらを並べてレイアウトしたものを指します。ここでは P.244 で作成したカード <div class="card-01"> を 8 つ用意し、格子状に並べます。このレイアウトは「グリッドビューレイアウト」や「タイル型レイアウト」とも呼ばれます。

グリッドコンテナの幅に応じて自動的に列の数を変える

8 つのカードをグループ化した <div class="cards"> でグリッドを構成し、カードの並びをコントロールします。グリッドの列の数はグリッドコンテナの幅に応じて自動的に変わるようにするため、grid-template-columns を repeat(auto-fill, minmax(280px, 1fr)) と指定します。これで、列の横幅が 280px より小さくならないように、コンテナを 1fr で均等割にしたトラックが構成されます。コンテナの幅を変えていくと、次のように列の数が変わり、レスポンシブになっていることがわかります。行列の間隔は gap で 20px に指定しています。

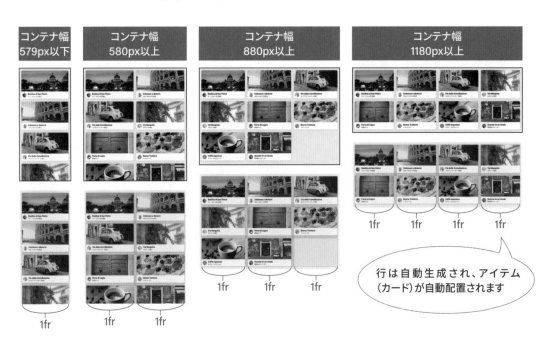

```
.cards {
    display: grid;
    grid-template-columns: repeat(auto-fill, minmax(280px, 1fr));
    gap: 20px;
}

/* カード */
.card-01 { …略… }
```

> P.245で作成したカード<div class=
> "card-01">のCSSを追加

```
<div class="cards">
    <div class="card-01">…略…<p class="subtitle"> サン・ピエトロ大聖堂 </p>…略…</div>
    <div class="card-01">…略…<p class="subtitle"> コロッセオとその周辺 </p>…略…</div>
    <div class="card-01">…略…<p class="subtitle"> コンチリアツィオーネ通り </p>…略…</div>
    <div class="card-01">…略…<p class="subtitle"> マルグッタ通り </p>…略…</div>
    <div class="card-01">…略…<p class="subtitle"> 緑色のドア </p>…略…</div>
    <div class="card-01">…略…<p class="subtitle"> トラットリア </p>…略…</div>
    <div class="card-01">…略…<p class="subtitle"> カフェ・エスプレッソ </p>…略…</div>
    <div class="card-01">…略…<p class="subtitle"> 路地裏のスクーター </p>…略…</div>
</div>
```

> P.245のカード<div class="card-01">
> を8つ用意

※各カードでは、P.108のセットで用意した assets/rome/ と
assets/avatar/ 内の画像1.jpg 〜 8.jpgを使用しています。

自動的に列の数が変わるようにする場合、repeat() では auto-fill だけでなく auto-fit と指定することもできます。これらの違いは、アイテムの総数が列数よりも少なくなったときの表示です。たとえば、カードの数を 3 つにして、4 列になるコンテナの幅で表示を確認すると次のようになります。

コンテナ幅 1180px以上

repeat(auto-fill, minmax(280px, 1fr))
と指定したときの表示

repeat(auto-fit, minmax(280px, 1fr))
と指定したときの表示

5.10 カードUI（Bento UI）

Grid Practice

カード UI には、サイズの異なるカードを敷き詰めて並べるレイアウトもあります。日本のお弁当のように区分けして情報を並べる形になることから「Bento UI」とも呼ばれます。

コンテナクエリでグリッドコンテナの幅に応じてカードサイズを変える

前ページのサンプルを元に、いくつかのカードを大きくすると Bento UI の形になります。たとえば、1 つ目と 6 つ目のカードに .large クラス、3 つ目と 4 つ目のカードに .medium クラスを指定して、レスポンシブで大きさを変えると次のようになります。

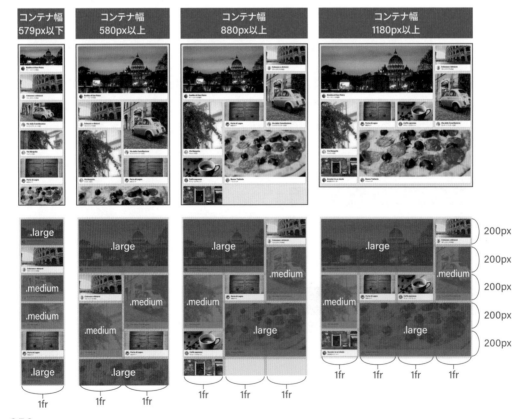

カードの大きさは配置先を何トラック分にするかで指定します。このとき、グリッドの列の数がコンテナの幅に応じて自動で変わるのに合わせてカードの大きさも変えたいので、コンテナクエリ @container を利用します。

まず、カードの親要素（グリッドコンテナ）の幅を基準にするため、<div class="cards"> の container-type を「inline-size」と指定します。
次に、@container でコンテナの幅が 580px 以上のときに配置先として使用するトラックの数を指定します。ここでは、.large クラスは 2 列× 2 行、.medium クラスは 1 列× 2 行を使うように指定しています。さらに、コンテナの幅が 1180px 以上のときには、.large クラスは 3 列× 2 行を使うように指定しています。

各カードは配置先に合わせた高さにするため、<div class="card-01"> の height を 200px から 100% に変更します。auto に変更すると Safari で画像のサイズが崩れるという問題が見られたため、100% としています。
その上で、グリッドが自動生成する行の高さ（暗黙的なグリッドの高さ）を grid-auto-rows で「200px」に指定しています。
grid-auto-flow は「dense」と指定し、P.152 のようにカードの間に空白を作らないようにしています。

```css
.cards-bento {
    display: grid;
    grid-template-columns:
      repeat(auto-fill, minmax(280px, 1fr));
    grid-auto-rows: 200px;
    grid-auto-flow: dense;
    gap: 20px;
    container-type: inline-size;

    @container (width >= 580px) {
        .large {
            grid-column: span 2;
            grid-row: span 2;
        }

        .medium {
            grid-column: span 1;
            grid-row: span 2;
        }
    }

    @container (width >= 1180px) {
        .large {
            grid-column: span 3;
            grid-row: span 2;
        }
    }
}

/* カード */
.card-01 {
    …略…
    height: 100%;
    …略…
}
```

```html
<div class="cards-bento">
  <div class="card-01 large"> …略… </div>
  <div class="card-01"> …略… </div>
  <div class="card-01 medium"> …略… </div>
  <div class="card-01 medium"> …略… </div>
  <div class="card-01"> …略… </div>
  <div class="card-01 large"> …略… </div>
  <div class="card-01"> …略… </div>
  <div class="card-01"> …略… </div>
</div>
```

5

Grid Practice

257

よくあるトラブル　グリッドにマッチしないアイテムを置いた場合

グリッドにマッチしないアイテムを置くと、グリッドが指定したものと異なる構成になってしまいます。たとえば、サンプルのグリッドは grid-template-columns の指定により、コンテナの幅が 579px 以下の場合は1列の構成になります。ところが、アイテムに「grid-column: span 2（2列分を使って配置）」と指定したものが混ざっていると、2列の構成になってしまいます。グリッドでは P.144 のように、アイテムの配置に必要な列が暗黙的なグリッドとして強制的に自動生成されるためです。

グリッドにマッチしないアイテムはうっかり置いてしまうことがありますので、「グリッドの構成がおかしい」というときには、アイテムの設定を確認してみることをおすすめします。

「span 2」のアイテムがない場合　　　「span 2」のアイテムを置いてしまった場合

12カラムグリッドでBento UIを構成する

Bento UI はデータカードを並べるのにも有効です。そこで、右のようにデータカードごとの大きさを細かく調整して並べることを考えます。そのためには列の数を増やす必要がありますが、闇雲に増やしても煩雑になってしまいますので、P.122 の 12 カラムグリッドを使うことにします。

まずは、P.250で作成した3種類のデータカード（.datacard-01〜.datacard03）を使って10個のカードを用意します。これらはgrid-columnで配置先を列のライン1〜-1に指定して、<div class="datacards-bento">で構成した12カラムグリッドで縦一列に並べます。

gapを16pxにした
12カラムグリッドを構成

```
.datacards-bento {
    display: grid;
    grid-template-columns: repeat(12, 1fr);
    gap: 16px;

    > * {
        grid-column: 1 / -1;
    }
}

/* データカード */
.datacard-01 { …略… }
.datacard-02 { …略… }
.datacard-03 { …略… }
```

すべてのアイテムの列の
配置先を1〜-1に指定

P.250の3種類のデータ
カードのCSSを追加

```
<div class="datacards-bento">
    <div class="datacard-01 background-white"><h2 …> 歩数 </h2>…略…</div>
    <div class="datacard-01 background-white"><h2 …> 距離 </h2>…略…</div>
    <div class="datacard-01 background-white"><h2 …> エネルギー </h2>略…</div>
    <div class="datacard-01 background-white"><h2 …> 支出 </h2>…略…</div>

    <div class="datacard-02 background-white"><h2 …> 人気 </h2>…略…</div>

    <div class="datacard-03 background-green"><h2 …>ToDo</h2>…略…</div>
    <div class="datacard-03 background-red"><h2  …>ToDo</h2>…略…</div>
    <div class="datacard-03 background-yellow"><h2 …>ToDo</h2>…略…</div>

    <div class="datacard-02 background-white"><h2 …> アクティビティ </h2>…略…</div>
    <div class="datacard-02 background-white"><h2 …> サマリー </h2>…略…</div>
</div>
```

P.250の3種類のデータ
カードを元に10個のカー
ドを用意

※.background-redは背景を赤色に、.background-yellowは背景を黄色にするクラスです。各カードでは、P.108のセットで用意したassets/chart/ 内の画像 を使用しています。

※使用したSVGアイコン（20×20pxに指定）：Heroicons（v1）のuser、flag、fire、cash、globe、pencil、clipboard-list、chart-square-bar

5

Grid Practice

コンテナクエリ @container を利用して、グリッドコンテナの幅に応じてレスポンシブでカードの大きさを変えていきます。大きさは配置先を何トラック分にするかで指定します。ここでは全部で4 パターン用意し、.type-a ～ .type-d のクラスで適用します。これで、右ページのようなレイアウトになります。

クラス	配置先として使用するトラックの数		
	コンテナ幅 480pxより小	コンテナ幅 480px以上	コンテナ幅 960px以上
.type-a	12列 (列1～-1)	6列	3列
.type-b	12列 (列1～-1)	12列 (列1～-1)	7列×3行
.type-c	12列 (列1～-1)	12列 (列1～-1)	5列
.type-d	12列 (列1～-1)	12列 (列1～-1)	6列

```
.datacards-bento {                          > .type-b {
    display: grid;                              grid-column: span 7;
    grid-template-columns: repeat(12, 1fr);     grid-row: span 3;
    gap: 16px;                              }
    container-type: inline-size;

    > * {                                   > .type-c {
        grid-column: 1 / -1;                    grid-column: span 5;
    }                                       }

    @container (width >= 480px) {
        > .type-a {                         > .type-d {
            grid-column: span 6;                grid-column: span 6;
        }                                   }
    }
                                          }
    @container (width >= 960px) {
        > .type-a {                         /* データカード */
            grid-column: span 3;            …略…
        }
```

グリッドコンテナ<div class="datacards-bento">には
container-typeを指定し、コンテナクエリの基準にします

```
<div class="datacards-bento">
    <div class="datacard-01 background-white type-a"><h2 …> 歩数 </h2>…略…</div>
    <div class="datacard-01 background-white type-a"><h2 …> 距離 </h2>…略…</div>
    <div class="datacard-01 background-white type-a"><h2 …> エネルギー </h2>…略…</div>
    <div class="datacard-01 background-white type-a"><h2 …> 支出 </h2>…略…</div>

    <div class="datacard-02 background-white type-b"><h2 …> 人気 </h2>…略…</div>

    <div class="datacard-03 background-green type-c"><h2 …>ToDo</h2>…略…</div>
    <div class="datacard-03 background-red type-c"><h2 …>ToDo</h2>…略…</div>
    <div class="datacard-03 background-yellow type-c"><h2 …>ToDo</h2>…略…</div>

    <div class="datacard-02 background-white type-d"><h2 …> アクティビティ </h2>…略…</div>
    <div class="datacard-02 background-white type-d"><h2 …> サマリー </h2>…略…</div>
</div>
```

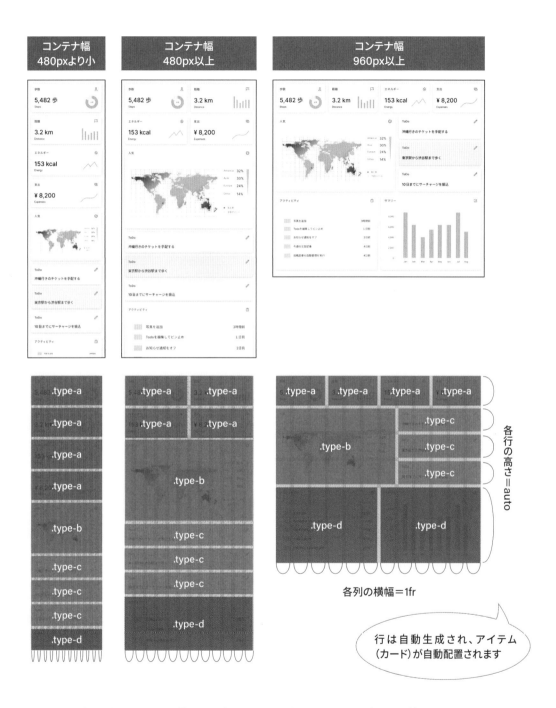

なお、メディアクエリ @media ではなくコンテナクエリ @container を使うことで、P.295 のように ダッシュボード UI の中に入れて使うときにもレイアウトを調整する必要がなくなります。

5.11 フォーム

Grid Practice

フォームは入力欄、ラベル、ボタンなどで構成する
パーツです。フローレイアウトではこれらをレイアウ
トするのに手間がかかりましたが、CSS グリッドで
はサブグリッドを使うことで、親のグリッドからまと
めて配置をコントロールできます。ここではメール
アドレスとパスワードの 2 つのフィールドを用意し
たフォームをレイアウトします。

サブグリッドを使って親グリッドからまとめて配置をコントロールする

フォーム <form> は見出し <h1>、2 つのフィールド <div class="field">、ボタン <button> の
4 つのアイテムで、各フィールドはラベル <label>、入力欄 <input>、メッセージ <p> の 3 つの
アイテムで構成しています。これらの配置はまとめてコントロールしたいので、<form> でメイング
リッドを、各フィールド <div class="field"> でサブグリッドを構成します。

ラベルと入力欄を横並びにするため、メイングリッドは 2 列の構成にします。4 つのアイテム（見
出し、2 つのフィールド、ボタン）は grid-column: span 2 でそれぞれ横幅いっぱい（2 列分）
に配置します。grid-template-columns では 1 列目を最も文字数の多いラベルに合わせた横幅
「max-content」に、2 列目を最大 400px の可変幅「minmax(auto, 400px)」にしています。
行は自動生成と自動配置にまかせます。
フィールド <div class="field"> では grid-template-columns: subgrid で列をサブグリッド
にします。これでメイングリッドの 2 列の構成が共有されます。行はサブグリッドにせず、grid-
template-rows: auto 18px で 2 行の構成にして、2 列 × 2 行のグリッドに 3 つのアイテム（ラ
ベル、入力欄、メッセージ）を自動配置します。ただ、メッセージ <p> が 1 列目に自動配置さ
れないように、grid-column: 2 で配置先を 2 列目に指定しています。行のガターはメイングリッ
ドの 24px では大きいので、row-gap で 4px にして、入力欄とメッセージの間隔を調整しています。

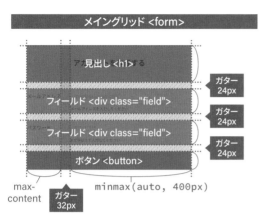

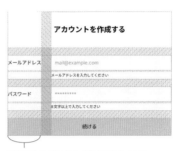

文字数の多いラベルに合わせた
横幅になります

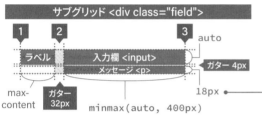

メッセージがない場合でも行の高さを
確保するため、18pxにしています

```
.form {
    display: grid;
    grid-template-columns:
        max-content minmax(auto, 400px);
    column-gap: 32px;
    row-gap: 24px;
    justify-content: center;
    align-content: start;

    > * {
        grid-column: span 2;
    }
}
```

```
    > .field {
        display: grid;
        grid-template-columns: subgrid;
        grid-template-rows: auto 18px;
        row-gap: 4px;
        align-items: center;

        > p {
            grid-column: 2;
        }
    }
}
```

```
<form class="form">
    <h1 class="heading-center"> アカウントを作成する </h1>
    <div class="field">
        <label for="email"> メールアドレス </label>
        <input type="email" id="email" placeholder="mail@example.com" />
        <p class="text-xsmall"> メールアドレスを入力してください </p>
    </div>
    <div class="field">
        <label for="password"> パスワード </label>
        <input type="password" id="password" placeholder="********" minlength="8" />
        <p class="text-xsmall">8 文字以上で入力してください </p>
    </div>
    <button type="submit" class="btn-accent"> 続ける </button>
</form>
```

※.heading-centerは見出しを中央揃えのスタイルに、.text-xsmallは小さいフォントサイズに、.btn-accentはボタ
ンをアクセントカラーにするクラスです。これらはP.108のセットに用意してあります。

5

Grid Practice

なお、メイングリッド <form> では justify-content を center と指定し、列のトラックをグリッドコンテナの中央に配置しています。これにより、フォームはラベルと入力欄（最大幅 400px）の横幅より大きくならず、画面の中央に配置されます。

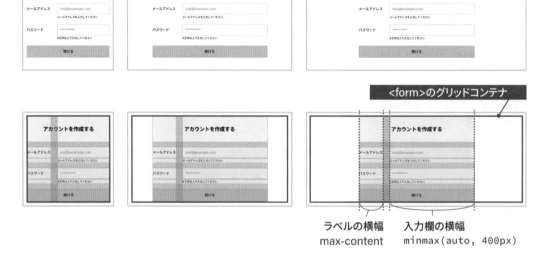

ラベルの横幅　　　　入力欄の横幅
max-content　　　minmax(auto, 400px)

※<form>のalign-contentはstartと指定し、行のトラックは上揃えにしています。これにより、グリッドコンテナの高さが大きくなった際に、P.223のようにアイテムの間隔が広がるのを防ぎます。

※<div class="field">のalign-itemsはcenterと指定し、ラベルと入力欄を縦方向中央で揃えています。

コンテナクエリでレスポンシブにする

入力欄の横幅が小さくなりすぎるのを防ぐため、グリッドコンテナの横幅が小さくなったときには <form> を1列のグリッドにして、ラベルを入力欄の上に配置します。このとき、フォームは使用場所に合わせて最適な形で表示したいので、コンテナクエリを利用して、画面幅ではなく、<form> の親要素の幅を基準にレスポンシブにします。

コンテナクエリの基準にする要素には container-type: inline-size を適用します。ただし、フォームをコンポーネントとして管理している場合、親要素が何になるかはわかりません。そのため、セレクタを *:has(> .form) と指定し、直下に <form class="form"> を持つ要素を適用先にしています（サンプルでは <body> となります）。

ここでは親要素の幅が 500px 以下のときに、<form> のメイングリッドを 1 列の構成にします。それに合わせて、<form> の 4 つのアイテムを span 1 で 1 列分に配置し、サブグリッド <div class="field"> を 3 行の構成に変更しています。

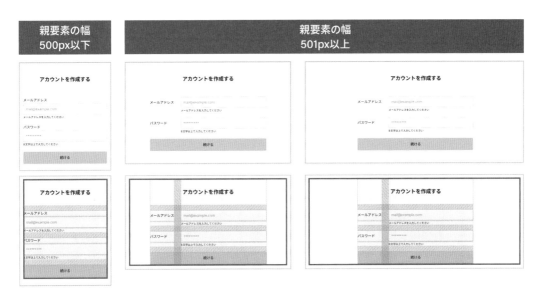

なお、メッセージ <p> は grid-column: 2 で 2 列目に配置するように指定したままですが、P.203 のようにサブグリッドでは暗黙的なグリッドが構成されないため、1 列目に配置されます。

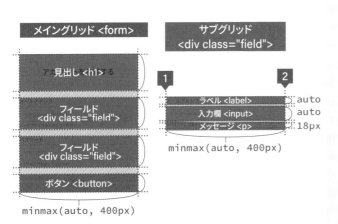

```css
*:has(> .form) {
  container-type: inline-size;
}

.form {
  …略…

  > .field {
    …略…
    > p {
      grid-column: 2;
    }
  }

  @container (width <= 500px) {
    grid-template-columns:
        minmax(auto, 400px);

    > * {
      grid-column: span 1;
    }

    > .field {
      grid-template-rows:
          auto auto 18px;
    }
  }
}
```

265

5.12 パンケーキ・スタック・レイアウト

Grid Practice

パンケーキ・スタック・レイアウトは、ヘッダー <header>、メイン <main>、フッター <footer> を縦に並べて構成するレイアウトです。メインコンテンツが少なくてもフッターの下に余白が入らないように、メイン部分の高さを調整します。コンテンツの分量に応じてフッターの配置を変えるパターンと、分量に関わらずフッターを常に画面下部に固定するパターンがあります。

コンテンツの分量に応じてフッターの配置を変える

コンテンツが少ない場合はフッターを画面下部に固定し、多い場合はコンテンツに合わせて画面外（コンテンツの下）にずらしていきます。このレイアウトは <div class="pancake"> で 1 列 × 3 行のグリッドを構成し、ヘッダー、メイン、フッターを自動配置して実現します。

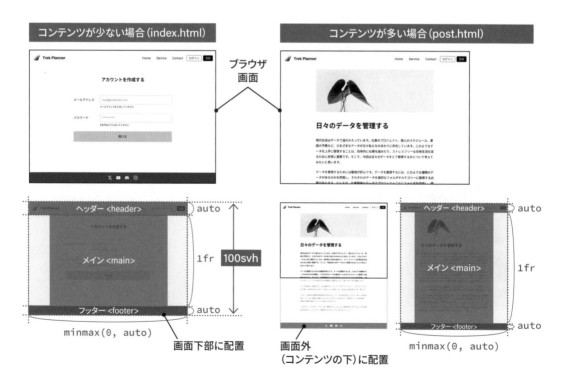

1行目と3行目は auto と指定し、ヘッダーとフッターに合わせた高さにします。

2行目は 1fr と指定し、グリッドコンテナの min-height（最小の高さ）を 100svh（画面の高さ）にします。これにより、メインコンテンツが少ない場合は P.187 のステップ❸ の処理で2行目に余剰スペースが割り振られ、3行目（フッター）が画面下部にくる高さに調整されます。

一方、メインコンテンツが多い場合、グリッドコンテナの高さが不確定サイズとなり、2行目は中身に合わせた高さになります。3行目（フッター）はその下に配置されるため、画面外にいきます。

列の横幅は auto ではなく minmax(0, auto) と指定しています。サンプルのコンテンツでは問題ありませんが、<pre> などが含まれたときに P.270 のように画面からオーバーフローしてレイアウトが崩れるのを防ぎます。

また、<main> の max-width ではメインコンテンツの最大幅を指定しています。

```css
.pancake {
    display: grid;
    grid-template-columns:
            minmax(0, auto);
    grid-template-rows:
            auto 1fr auto;
    min-height: 100svh;

    > .main {
        justify-self: center;
        width: 100%;
        max-width: 672px;
        padding: 16px 16px 80px;
    }
}
```

```css
/* ヘッダー */
.header {…略…}

/* フォーム */
*:has(> .form) {…略…}
.form {…略…}

/* 横並びメニュー */
.horizontal {…略…}
```

<main>は最大幅をパディング込みの672pxにして、2行目の中央に配置。width:100%は、フォームのようにコンテナエリを使用したコンテンツの横幅が小さくなるのを防ぎます。

使用したパーツのスタイルを追加

```html
<div class="pancake">
    <!-- ヘッダー -->
    <header class="header">…略…</header>

    <!-- メイン -->
    <main class="main">
        …略…
    </main>

    <!-- フッター -->
    <footer class="horizontal bar">
        …略…
    </footer>
</div>
```

コンテンツが少ない場合（index.html）

```html
<!-- フォーム -->
<form class="form">…略…</form>
```

コンテンツが多い場合（post.html）

```html
<!-- 記事 -->
<article class="post">
    <figure><img … /></figure>
    <h1>日々のデータを管理する</h1>
    <p>現代社会はデータで溢れかえって…</p>
    …略…
</article>
```

※ヘッダー<header>はP.235、フォーム<form>はP.262で作成したものを使用。フッターはP.223の横並びメニューの<div>を<footer>に、アイコンをFont Awesome（x-twitter、youtube、discord、instagram）に変えたものを使用しています。

※.barはフッターを、.postは記事をスタイリングするクラスです。これらはP.108のセットに用意してあります。

267

フッターを常に画面下部に固定する

フッターを常に画面下部に固定する場合、グリッドコンテナの高さを min-height ではなく、height で 100svh と指定します。<main> には overflow-y: auto を適用し、スクロールコンテナにします。これで、メインコンテンツが多い場合はメイン部分だけにスクロールバーが表示され、スクロールしてコンテンツを閲覧できるようになります。

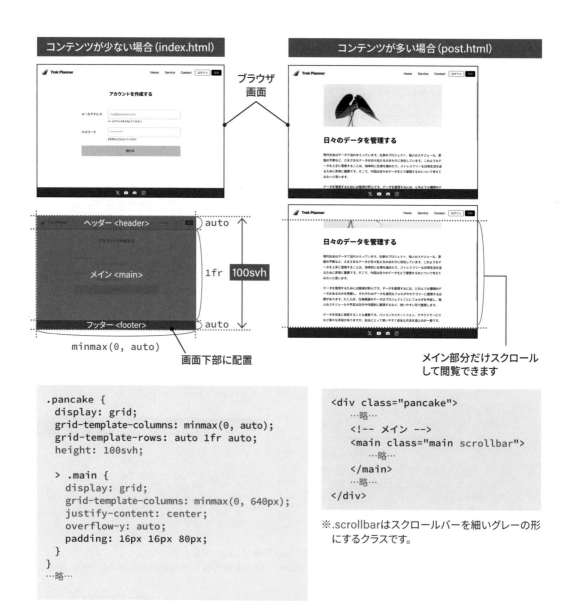

```
.pancake {
  display: grid;
  grid-template-columns: minmax(0, auto);
  grid-template-rows: auto 1fr auto;
  height: 100svh;

  > .main {
    display: grid;
    grid-template-columns: minmax(0, 640px);
    justify-content: center;
    overflow-y: auto;
    padding: 16px 16px 80px;
  }
}
…略…
```

```
<div class="pancake">
    …略…
    <!-- メイン -->
    <main class="main scrollbar">
        …略…
    </main>
    …略…
</div>
```

※.scrollbarはスクロールバーを細いグレーの形にするクラスです。

なお、メインコンテンツの最大幅を P.267 のように `<main>` の max-width で指定していると、大きい画面ではスクロールバーがコンテンツの横に表示されます。ここでは画面の横に表示するため、max-width を削除し、`<main>` を画面の横幅いっぱいに配置します。その上で、`<main>` でグリッドを構成し、minmax() で列トラックの最大幅を 640px に指定しています。

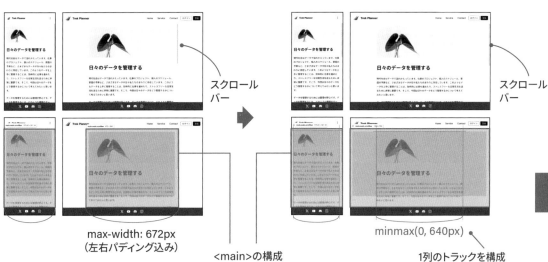

スクロールバー

スクロールバー

max-width: 672px
（左右パディング込み）

`<main>`の構成
するボックス

minmax(0, 640px)

1列のトラックを構成
して中央に配置

5

Grid Practice

よくあるトラブル

iPhoneでツールバーが被って画面下部のフッターが見えなくなる

グリッドコンテナの高さを min-height や height で 100vh と指定してフッターを画面下部に配置すると、iPhone ではツールバーが被ってフッターが見えなくなります。これを防ぐため、サンプルでは高さを 100svh と指定しています。

vh はビューポートサイズを、svh はスモールビューポートサイズを指定する単位で、iPhone ではツールバーを除いた高さがスモールビューポートサイズとして扱われます。

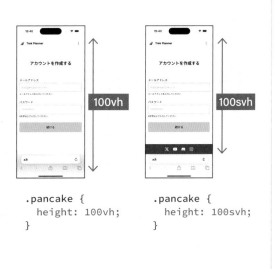

100vh

100svh

```
.pancake {
  height: 100vh;
}
```

```
.pancake {
  height: 100svh;
}
```

よくあるトラブル

コンテンツが画面からオーバーフローしてレイアウトが崩れる
（CSSグリッドとフローレイアウトのautoの処理の違い）

パンケーキ・スタック・レイアウトは1列（ワンカラム）のグリッドなので、列の横幅は grid-template-columns の指定を省略したり、値を「auto」と指定しておけば問題ないように思えます。実際、サンプルで使用したコンテンツ（フォームと記事）で問題は出ません。

しかし、コンテンツによっては問題が出ます。たとえば、記事中にコード <pre> が含まれていて、画面幅を小さくした場合です。<pre> には P.108 のセットで overflow-x: auto が適用され、スクロールコンテナになります。そのため、フローレイアウトではスクロールバーが表示され、オーバーフローすることはありません。ところが、CSS グリッドでは <pre> が中身に合わせた大きな横幅になり、画面からオーバーフローしてしまいます。これは大きな違いです。

```
<div class="pancake">
  …略…
  <main class="main">
    <article class="post">
      <h1> データを管理するコード </h1>
      <pre>…略…</pre>
      …略…
    </article>
  </main>
  …略…
</div>
```

```
pre {overflow-x: auto;}
```

CSSグリッド（パンケーキ・スタック・レイアウト）

グリッドトラックの横幅
auto

フローレイアウト

ブロック要素の横幅
auto

<pre>

```
.pancake {
    display: grid;
    grid-template-columns: auto;
    …略…
}
```

```
.pancake {
    display: block;
    width: auto;
    …略…
}
```

この違いは auto の処理の違いによって生じます。

CSS グリッドでは、grid-template-columns の auto は P.189 のように配置したアイテムに合わせたサイズになります。このとき、auto は minmax(auto, auto) となり、パンケーキ・スタック・レイアウトでは P.186 の 3 つの条件が成立するため、<pre> を内包したグリッドアイテム <main> の標準の最小幅（min-width: auto）が「min-content（最小コンテンツサイズ）」で処理されます。

これにより、<main> は中身の最小コンテンツサイズより小さくなることができなくなります。最小コンテンツサイズは、P.163 のように挿入可能な改行をすべて入れたときの横幅です。<pre> は改行が入らないパーツなので、スクロールなしで表示したときの横幅が最小コンテンツサイズとなり、結果的にグリッドトラックの横幅が大きくなります。

一方、フローレイアウトでは width: auto は P.159 のように親要素に合わせた横幅になります。さらに、<main> の標準の最小幅（min-width: auto）は P.162 のように「0」で処理されるため、<main> は 0 まで小さくなることが許容されます。その結果、<main> は親要素に合わせた横幅になり、<pre> にはスクロールバーがついた表示になります。

CSSグリッド（パンケーキ・スタック・レイアウト）

グリッドトラックの横幅
auto = minmax(auto, auto)
= 配置したアイテムに合わせたサイズ

グリッドアイテム<main>の最小幅（min-width）
auto = min-content

フローレイアウト

ブロック要素の横幅
auto
= 親要素に合わせたサイズ

ブロック要素<main>の最小幅（min-width）
auto = 0

5

Grid Practice

271

グリッドトラックの横幅が大きくなるのを防ぐには、グリッドアイテム <main> の最小幅が 0 で処理されるようにします。そのためには次のような方法があります。

■ grid-template-columnsで最小トラックサイズを0にする

グリッドアイテム <main> の最小幅が最小コンテンツサイズ（min-content）で処理されるのは、grid-template-columns の auto が minmax(auto, auto) となり、最小トラックサイズの値が auto で処理されるためです。そこで、minmax(0, auto) と指定し、最小トラックサイズを 0 にします。これで <main> はもちろん、トラックに配置したすべてのグリッドアイテムの最小幅を 0 にしたのと同等の処理になります。あとは P.187 の ❷ のステップで余剰スペースが割り振られて親要素に合わせた横幅になり、<pre> はスクロールバーがついた表示になります。

グリッドトラックの横幅
minmax(0, auto)

```
.pancake {
    display: grid;
    grid-template-columns: minmax(0, auto);
    …略…
}
```

■ <main>のmin-widthを0にする

グリッドアイテム <main> の最小幅 min-width を直接 0 と指定することでも、同じように親要素に合わせた横幅にできます。

グリッドトラックの横幅
auto

```
.pancake {
    display: grid;
    grid-template-columns: auto;
    …略…

    > main {
        min-width: 0;
    }
}
```

なお、グリッドトラックの横幅を「1fr」と指定した場合にも同じ現象が発生します。これは、1fr が minmax(auto, 1fr) となり、最小トラックサイズの値が auto で処理されるためです。

グリッドトラックの横幅
1fr

```
.pancake {
    display: grid;
    grid-template-columns: 1fr;
    …略…
}
```

グリッドトラックの横幅が大きくなるのを防ぐのも、同じ方法で対応できます。最小トラックサイズを 0 にして対応する場合は、grid-template-columns を minmax(0, 1fr) と指定します。

グリッドトラックの横幅
minmax(0, 1fr)

```
.pancake {
    display: grid;
    grid-template-columns: minmax(0, 1fr);
    …略…
}
```

このように、コンテンツの中に <pre> のような最小コンテンツサイズの大きいものが含まれる可能性がある場合、最小トラックサイズを 0 に設定しておくことをおすすめします。たとえば、Tailwind CSS でもグリッドのトラックサイズは minmax(0, 1fr) で設定されています。

grid-cols-1	grid-template-columns: repeat(1, minmax(0, 1fr));
grid-cols-2	grid-template-columns: repeat(2, minmax(0, 1fr));
grid-cols-3	grid-template-columns: repeat(3, minmax(0, 1fr));

Tailwind CSSに用意された
グリッドを構成するクラスの設定

https://tailwindcss.com/
docs/grid-template-columns

5

Grid Practice

273

5.13 フルブリード・レイアウト

Grid Practice

フルブリード・レイアウト（Full-bleed layout）は、画面の横幅いっぱいに「全幅」でパーツを配置するレイアウトです。左右に余白を入れて中央に配置する「コンテンツ幅」のパーツと組み合わせてページを構成します。

フローレイアウトではマージンなどを駆使して設定する必要がありましたが、CSS グリッドでは縦のラインで「全幅」と「コンテンツ幅」の両方の横幅をコントロールできます。

1つのグリッドで2つの横幅をコントロールする

フルブリード・レイアウトでランディングページを構築します。縦のラインを引いてみると、「全幅」にしたいものと「コンテンツ幅」にしたいものとが混在していることがわかります。

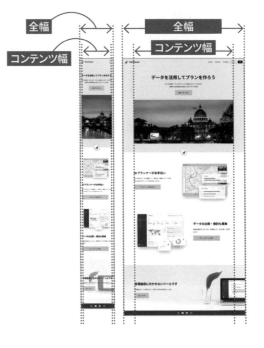

コンテンツは最大幅を1120pxに、左右に最低限確保する余白は16pxにします。そのためには3列のグリッドを構成し、モバイルとデスクトップで各列の横幅を右のようにします。これらはメディアクエリを使用せず、以下のようにminmax()で指定できます。

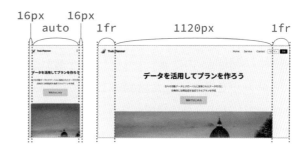

ここでは <div class="fullbleed"> の grid-template-columns で指定して、3列のグリッドを構成しています。グリッドアイテムを列1〜 -1に配置すれば「全幅」、列2〜 -2に配置すれば「コンテンツ幅」にできますので、このグリッドはメイングリッドとして使用します。
<div> 内にはヘッダー <header>、メイン <main>、フッター <footer> の3つのアイテムを用意します。これらはサブグリッドにすることを前提に、列1〜 -1に配置して全幅にします。

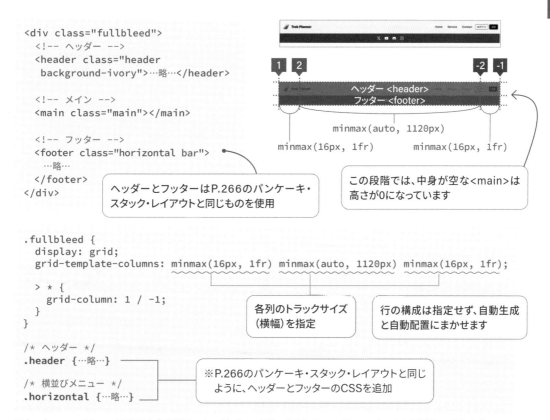

```html
<div class="fullbleed">
  <!-- ヘッダー -->
  <header class="header
   background-ivory">…略…</header>

  <!-- メイン -->
  <main class="main"></main>

  <!-- フッター -->
  <footer class="horizontal bar">
    …略…
  </footer>
</div>
```

ヘッダーとフッターはP.266のパンケーキ・スタック・レイアウトと同じものを使用

minmax(auto, 1120px)
minmax(16px, 1fr)　　minmax(16px, 1fr)

この段階では、中身が空な<main>は高さが0になっています

```css
.fullbleed {
  display: grid;
  grid-template-columns: minmax(16px, 1fr) minmax(auto, 1120px) minmax(16px, 1fr);

  > * {
    grid-column: 1 / -1;
  }
}

/* ヘッダー */
.header {…略…}

/* 横並びメニュー */
.horizontal {…略…}
```

各列のトラックサイズ（横幅）を指定

行の構成は指定せず、自動生成と自動配置にまかせます

※P.266のパンケーキ・スタック・レイアウトと同じように、ヘッダーとフッターのCSSを追加

※.background-icoryは背景を象牙色に、.barはバーの形にするクラスで、P.108のセットに用意してあります。

5

Grid Practice

<main>内の各セクションをコンテンツ幅にする

続けて、<main> 内に 4 つのセクションを追加してコンテンツ幅にします。そのため、<main> でもグリッドを構成し、grid-template-columns: subgrid で列をサブグリッドにします。これでメイングリッドの 3 列の構成が共有されますので、<main> 内のすべてのアイテム（セクション）を列 2 〜 -2 に配置します。

> 1つ目のセクションのみ
> 見出しを<h1>に変更

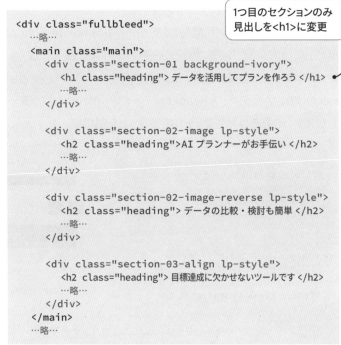

```
<div class="fullbleed">
    …略…
    <main class="main">
        <div class="section-01 background-ivory">
            <h1 class="heading"> データを活用してプランを作ろう </h1>
            …略…
        </div>

        <div class="section-02-image lp-style">
            <h2 class="heading">AI プランナーがお手伝い </h2>
            …略…
        </div>

        <div class="section-02-image-reverse lp-style">
            <h2 class="heading"> データの比較・検討も簡単 </h2>
            …略…
        </div>

        <div class="section-03-align lp-style">
            <h2 class="heading"> 目標達成に欠かせないツールです </h2>
            …略…
        </div>
    </main>
    …略…
```

■ 追加したセクション

P.236
縦並びのセクション

P.240
横並びのセクション
（画像の切り抜きなし）

P.241
横並びのセクション
（逆配置）

P.243
重ね合わせのセクション
（画像の左下にアイテムを
重ねたもの）

※P.108のセット内の画像（romeフォルダの1.jpg、contentsフォルダの1.png〜3.png）を使用。

※.background-icoryは背景を象牙色に、.lp-styleは画像に合わせてテキストの位置などを微調整するクラスです。P.108のセットに用意してあります。

```
.fullbleed {
  …略…
  > * {
    grid-column: 1 / -1;
  }

  > .main {
    display: grid;
    grid-template-columns: subgrid;

    > * {
      grid-column: 2 / -2;
    }
  }
}
```

```
…略…

/* セクション */
.section-01 {…略…}
.section-02-image {…略…}
.section-02-image-reverse {…略…}
.section-03-align {…略…}
```

※各セクションのCSSを追加

グリッドの構成は次のようになっています。

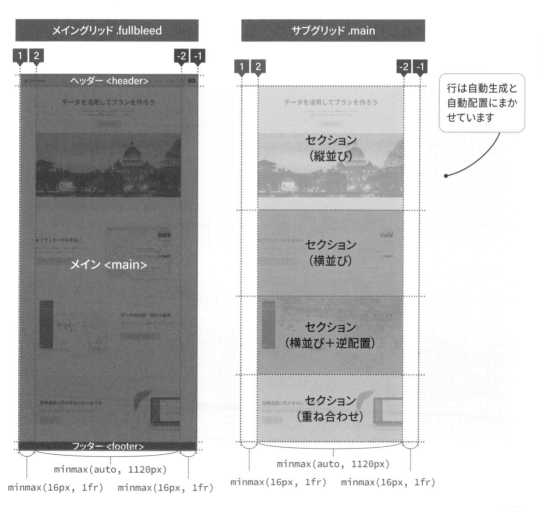

5

Grid Practice

行は自動生成と
自動配置にまか
せています

セクションを全幅にして中身をコンテンツ幅にする

最初と最後のセクションは全幅にして、中身をコンテンツ幅にします。そのため、サブグリッド.main の列1〜 -1に配置して全幅にします。そして、セクションごとに構成しているグリッドの列をサブグリッドにして、中身を列2〜-2に配置します。行の構成は設定済みのものをそのまま使用します。

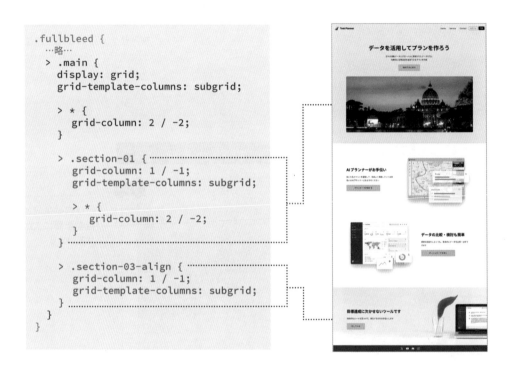

```
.fullbleed {
  …略…
  > .main {
    display: grid;
    grid-template-columns: subgrid;

    > * {
      grid-column: 2 / -1;
    }

    > .section-01 {
      grid-column: 1 / -1;
      grid-template-columns: subgrid;

      > * {
        grid-column: 2 / -2;
      }
    }

    > .section-03-align {
      grid-column: 1 / -1;
      grid-template-columns: subgrid;
    }
  }
}
```

■ 最初のセクションの場合

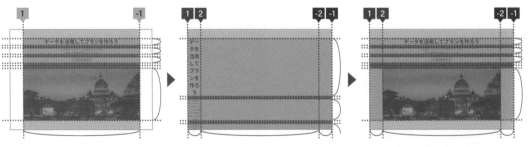

最初のセクションはP.236の設定で、1列×5行のグリッドで構成してあります。

セクションを全幅にして列をサブグリッドにすると、3列の構成になって中身が1列目に配置されます。

セクションの中身をgrid-columnで列2〜-2に配置すれば表示が整います。

▦ 最後のセクションの場合

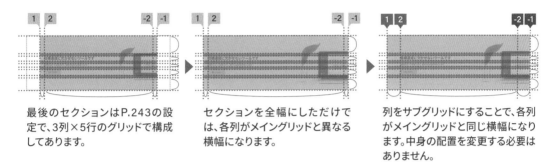

最後のセクションはP.243の設定で、3列×5行のグリッドで構成してあります。

セクションを全幅にしただけでは、各列がメイングリッドと異なる横幅になります。

列をサブグリッドにすることで、各列がメイングリッドと同じ横幅になります。中身の配置を変更する必要はありません。

サブグリッドの構成は次のようになっています。

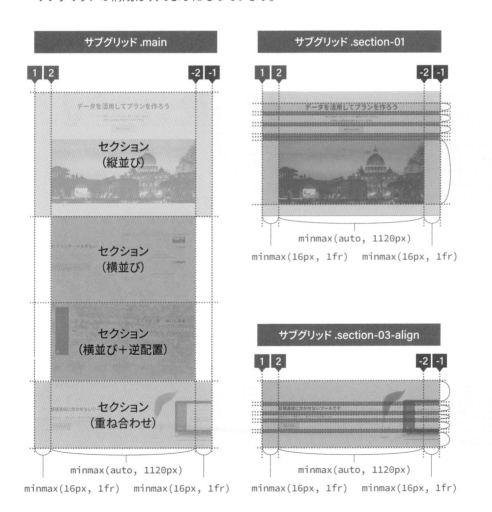

装飾を追加する

最初のセクションに装飾画像（decoration.svg）を追加します。グリッドの構成には影響を与えずに、セクションのパディングエッジの下部中央に追加したいので、position を使います。

まず、<img> でセクション内に画像を追加し、position: absolute を適用します。パディングエッジの下部中央には P.211 のように justify-self: center と align-self: end で揃えるため、セクション <div class="section-01"> に position: relative を適用します。あとは、画像の高さの50% だけ下にずらすため、transform: translateY(50%) を適用しています。

以上で、フルブリードレイアウトを使ったランディングページは完成です。

```css
.fullbleed {
  …略…
  > .main {
    display: grid;
    grid-template-columns: subgrid;

    > * {
      grid-column: 2 / -2;
    }

    > .section-01 {
      grid-column: 1 / -1;
      grid-template-columns: subgrid;
      position: relative;

      > * {
        grid-column: 2 / -2;
      }

      > .decoration {
        justify-self: center;
        align-self: end;
        position: absolute;
        transform: translateY(50%);
      }
    }
    …略…
  }
}
```

```html
…略…
  <div class="section-01 background-ivory">
    <h1 …> データを活用してプランを作ろう </h1>
    …略…
    <img class="decoration"
    src="../assets/contents/decoration.svg"
    alt="" width="96" height="96" />
  </div>
```

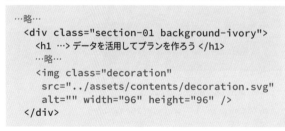

装飾画像

positionでパディングエッジの
下部中央に配置

▼

transformで下にずらします

280

2段組みのレイアウトにする場合

2段組みのレイアウトにする場合、メイン <main> 内には2列のグリッドを構成したセクション <div class="section-twocolumns"> を入れます。<main> 内のセクションはサブグリッドの列 2〜-2 に配置されますので、次のようにレイアウトが形になります。

サブグリッド .main

2段組み .section-twocolumns

minmax(0, auto)　　300px

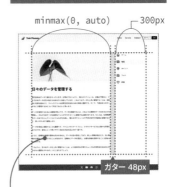

ガター 48px

1列目の横幅はminmax(0, auto)と指定し、<pre>などが含まれたときにP.270のように崩れるのを防ぎます

```
.fullbleed {…略…}

/* 2段組み */
.section-twocolumns {
  display: grid;
  grid-template-columns: minmax(0, auto) 300px;
  gap: 64px 48px;

  @media (width <= 800px) {
    grid-template-columns: minmax(0, auto);
  }
}

/* アイコン付きリンク：縦並びメニュー */
.menu-vertical {…略…}
…略…


…略…
  <main class="main">
    <div class="section-twocolumns">
      <!-- 記事 -->
      <article class="post">…略…</article>
      <!-- 縦並びメニュー（横並びのアイコン付きリンクを使用） -->
      <ul class="menu-vertical">…略…</ul>
    </div>
  </main>
```

minmax(0, auto)

モバイルでは1段組み（1列のグリッド）にします

ガター 64px

2段組みのセクションはP.267の記事<article>と、P.231の縦並びメニュー<ul>で構成しています

5

Grid Practice

281

5.14 聖杯レイアウト

Grid Practice

聖杯レイアウト（Holy Grail Layout）はヘッダーとフッターを上下に配置し、中央をメイン部分と両端のサイドバーで構成する 3 列× 3 行のレイアウトです。フッターは画面下部に固定します。ここでは次のような Web アプリの UI 構築に使用します。レスポンシブでモバイルに対応する設定は P.288 で行います。

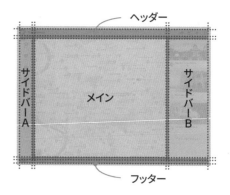

聖杯レイアウトの構造をグリッドで構成する

聖杯レイアウトの構造をグリッドのエリアで構成します。<div class="holy"> の grid-template-area でヘッダー（header）、メイン（main）、サイドバー A（side-a）、サイドバー B（side-b）、フッター（footer）の 5 つのエリアを用意し、grid-area で各エリアに配置する要素（グリッドアイテム）を指定します。

ここではエリア名と同じクラス名を持つアイテムを 5 つ用意して配置します。各アイテムには仮のテキストを記述し、あとからコンテンツを入れていきます。

横幅については、grid-template-columns で列のトラックサイズを「auto 1fr auto」と指定します。これで、サイドバーが中身に合わせた横幅に、メイン部分が余剰スペースを使った可変サイズの横幅になります。

高さについてはフッターを常に画面下部に固定するため、P.268 のパンケーキ・スタック・レイアウトと同じようにグリッドコンテナを画面に合わせた高さ（100svh）にして、grid-template-rows を「auto 1fr auto」と指定します。

行・列の間には 16px のガター（gap）を、コンテナの内側には 16px のパディングを入れています（高さに含まれます）。

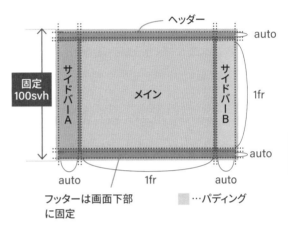

フッターは画面下部に固定　　▨…パディング

```css
.holy {
  display: grid;
  grid-template-areas:
    "header header header"
    "side-a main side-b"
    "footer footer footer";
  grid-template-columns:
            auto 1fr auto;
  grid-template-rows:
            auto 1fr auto;
  gap: 16px;
  height: 100svh;
  padding: 16px;

  > .header {
    grid-area: header;
  }

  > .main {
    grid-area: main;
    overflow-y: auto;
  }

  > .side-a {
    grid-area: side-a;
    overflow-y: auto;
  }

  > .side-b {
    grid-area: side-b;
    overflow-y: auto;
  }

  > .footer {
    grid-area: footer;
  }
}
```

```html
<div class="holy background-bluesmoke">
  <!-- ヘッダー -->
  <header class="header"> ヘッダー </header>

  <!-- メイン -->
  <main class="main scrollbar"> メイン </main>

  <!-- サイドバー A -->
  <div class="side-a scrollbar"> サイドバー A</div>

  <!-- サイドバー B -->
  <div class="side-b scrollbar"> サイドバー B</div>

  <!-- フッター -->
  <footer class="footer scrollbar"> フッター </footer>
</div>
```

※.background-bluesmokeは背景を青灰色に、.scrollbarはスクロールバーをスタイリングするクラスです。P.108のセットに用意してあります。

メインと2つのサイドバーにはoverflow-y: autoを適用し、中身のコンテンツが多くなったときには縦スクロールで閲覧できるようにしています

エリアにコンテンツを入れていく

続けて、聖杯レイアウトの各エリアにコンテンツを入れていきます。まずはヘッダー、メイン、フッターを入れます。

ヘッダーは P.234 の \<header\> に置き換え、メインには Google マップの埋め込みコード \<iframe\> を入れます。フッターには P.223 の横並びメニュー \<ul class="horizontal"\> を入れます。

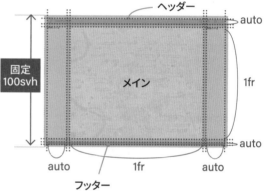

```
<div class="holy background-bluesmoke">
  <!-- ヘッダー -->
  <header class="header no-padding">
    <div class="logo">…</div>
    …略…
  </header>

  <!-- メイン -->
  <main class="main scrollbar">
    <iframe class="fill radius"
      src="…" …></iframe>
  </main>
  …略…

  <!-- フッター -->
  <footer class="footer">
    <ul class="horizontal text-small">
      <li><a href="#">利用規約</a></li>
      <li><a href="#">プライバシーポリシー</a></li>
      <li><a href="#">お問い合わせ</a></li>
    </ul>
  </footer>
</div>
```

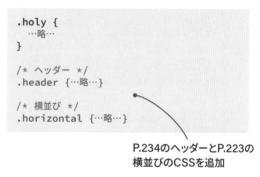

```
.holy {
  …略…
}

/* ヘッダー */
.header {…略…}

/* 横並び */
.horizontal {…略…}
```

P.234のヘッダーとP.223の
横並びのCSSを追加

※.no-paddingはヘッダーのパディングを削除するクラス、.fillと.radiusは\<iframe\>を配置先に合わせたサイズにし、角丸にするクラス、.text-smallはフォントサイズを小さくするクラスです。P.108のセットに用意してあります。

Googleマップ（https://www.google.co.jp/maps）の埋め込みコードは、埋め込みたいポイントを選択し、「共有＞地図を埋め込み」で取得します。

左側のサイドバー A には P.230 の縦並びメニュー <ul class="menu-vertical"> を入れます。
リンクに付加した現在位置を示す current クラスはそのままでも問題ありませんが、ここでは外しています。

また、サイドバー A は白いバーの形にします。そのため、サイドバー A の配置先を指定した .side-a
{ } にパディング、背景色、角丸のスタイルを追加しています。

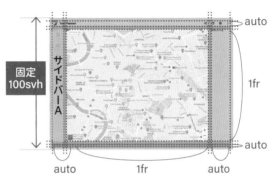

固定
100svh

サイドバーA

auto

1fr

auto

auto

1fr

```html
<div class="holy background-bluesmoke">
  …略…
  <!-- サイドバー A -->
  <div class="side-a scrollbar">
    <ul class="menu-vertical">
      <li><a href="#" class="with-icon-vertical">…略…</a></li>
      <li><a href="#" class="with-icon-vertical">…略…</a></li>
      <li><a href="#" class="with-icon-vertical">…略…</a></li>
      <li><a href="#" class="with-icon-vertical">…略…</a></li>
      <li><a href="#" class="with-icon-vertical">…略…</a></li>
    </ul>
  </div>
  …略…
</div>
```

```css
.holy {
  …略…

  > .side-a {
    grid-area: side-a;
    padding: 16px 8px;
    background-color:
        rgb(255 255 255 / 80%);
    border-radius: 8px;
  }
  …略…
}
```

```css
/* ヘッダー */
.header {…略…}

/* 横並び */
.horizontal {…略…}

/* アイコン付きリンク：縦並びメニュー */
.menu-vertical {…略…}
```

サイドバーAのパディングを上下16px、左右8pxに指定。
背景は半透明な白色に、角丸の半径は8pxにしています。

P.230の縦並びメニューの
CSSを追加

右側のサイドバー B には P.254 のカード UI で構築したカードの一覧 <div class="cards"> を入れます。中身のカード <div class="card-01"> は 3 個にしています。

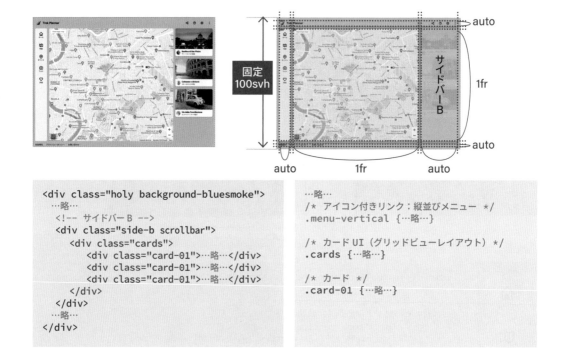

```
<div class="holy background-bluesmoke">
    …略…
    <!-- サイドバー B -->
    <div class="side-b scrollbar">
        <div class="cards">
            <div class="card-01">…略…</div>
            <div class="card-01">…略…</div>
            <div class="card-01">…略…</div>
        </div>
    </div>
    …略…
</div>
```

```
…略…
/* アイコン付きリンク：縦並びメニュー */
.menu-vertical {…略…}

/* カード UI（グリッドビューレイアウト）*/
.cards {…略…}

/* カード */
.card-01 {…略…}
```

カード UI は auto-fill でグリッドコンテナの幅に応じて自動的に列の数が変わるようにしてありますが、1 列の表示になります。これは、auto-fill の最小・最大コンテンツサイズ（min-content / max-content）が「縦 1 列で並べたときの横幅」で処理されるためです。

聖杯レイアウトの 3 列目は横幅を「auto」にしていますので、P.187 の ❷ のステップで、配置したアイテム（カード UI）の最大コンテンツサイズになります。グリッドコンテナ内の余剰スペースは ❸ のステップで「1fr」にした 2 列目に割り振られますので、3 列目の横幅がそれ以上大きくなることはありません。その結果、3 列目の横幅は「カード UI が 1 列のときの横幅」になります。

ただし、Safari では auto-fill の最大コンテンツサイズが「横 1 列で並べたときの横幅」で処理されます。その結果、P.187 の ❷ のステップで 3 列目がすべての余剰スペースを使ってしまい、2 列目の横幅が 0 になります。Safari で問題が出ないようにするためには、聖杯レイアウトの 3 列目の横幅を auto から min-content（最小コンテンツサイズ）に変更します。

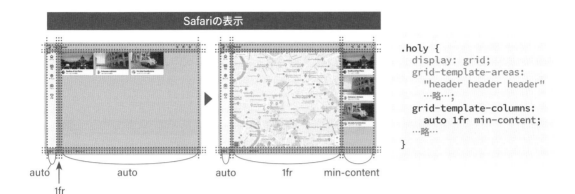

```
.holy {
  display: grid;
  grid-template-areas:
    "header header header"
    …略…;
  grid-template-columns:
    auto 1fr min-content;
  …略…
}
```

■ カード一覧の下にボタンを追加する

カード一覧の下にはボタンを追加します。サイドバー B <div class="side-b"> の子要素として追加することもできますが、ここではカード UI <div class="cards"> の子要素として追加します。これにより、カード UI が構成するグリッドに配置され、カードとボタンの間隔もガター（gap）で設定されます。

ボタンの配置先は列 1 〜 -1 と指定して、カード UI の列の数が変わっても常に横幅いっぱいに配置されるようにしておきます。

```
<!-- サイドバー B -->
<div class="side-b scrollbar">
  <div class="cards">
    <div class="card-01">…略…</div>
    <div class="card-01">…略…</div>
    <div class="card-01">…略…</div>
    <button class="btn-accent">
      行きたい場所を追加する
    </button>
  </div>
</div>
…略…
```

※.btn-accentはボタンを黄色いアクセントカラーにするクラス、P.108のセットに用意してあります。

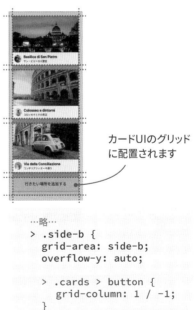

カードUIのグリッドに配置されます

```
…略…
> .side-b {
  grid-area: side-b;
  overflow-y: auto;

  > .cards > button {
    grid-column: 1 / -1;
  }
}
```

5

Grid Practice

エリアの配置を変えてレスポンシブにする

聖杯レイアウトは小さい画面での表示には適していません。ここでは次のようにレスポンシブにします。レスポンシブはエリアの配置を変えて実現します。

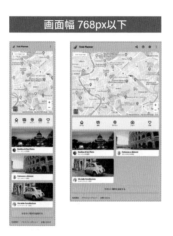
画面幅 768px以下

画面幅 1024px以下

1024pxより大きい画面幅

■ 画面幅が1024px以下の場合

画面幅が 1024px 以下の場合、サイドバー B をメインの下に配置します。<div class="holy"> の grid-template-areas でグリッドの構成を 2 列× 4 行に変更し、列の横幅を「auto 1fr」、行の高さを「auto minmax(500px, 1fr) auto auto」と指定します。

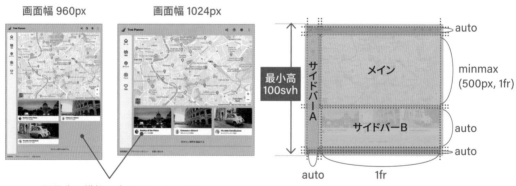
画面幅 960px　　　　画面幅 1024px

配置先の横幅に合わせて、カードUIは列の数が変わります。Safariでも問題はでません。

2 行目の高さを 1fr ではなく minmax(500px, 1fr) としているのは、メイン部分の高さが画面に合わせて変わるようにしつつ、500px より小さくなるのを防ぐためです。

グリッドコンテナの高さは height ではなく min-height で 100svh と指定します。これにより、P.266 のパンケーキ・スタック・レイアウトと同じように、画面の高さが大きいときはメイン部分の高さが大きくなり、フッターが画面下部に配置されます。一方、画面が小さいときはメイン部分の高さが 500px になり、フッターは画面外になります。

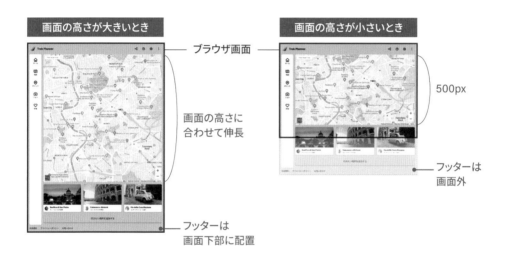

画面の高さが大きいとき

ブラウザ画面

画面の高さに
合わせて伸長

フッターは
画面下部に配置

画面の高さが小さいとき

500px

フッターは
画面外

5

Grid Practice

```
.holy {
  display: grid;
  grid-template-areas:
    "header header header"
    "side-a main side-b"
    "footer footer footer";
  grid-template-columns:
      auto 1fr min-content;
  grid-template-rows: auto 1fr auto;
  gap: 16px;
  height: 100svh;
  padding: 16px;

  …略…
  > .footer {
    grid-area: footer;
  }
}
```

```
@media (width <= 1024px) {
  grid-template-areas:
    "header header"
    "side-a main"
    "side-a side-b"
    "footer footer";
  grid-template-columns: auto 1fr;
  grid-template-rows:
   auto minmax(500px, 1fr) auto auto;
  height: auto;
  min-height: 100svh;
  }
}
```

min-heightで100svhにするため、既存の
height: 100svhの指定はheight: autoで
上書きしています

■ 画面幅が768px以下の場合

画面幅が 768px 以下の場合、サイドバー A をメインの下に配置します。<div class="holy"> の grid-template-areas でグリッドの構成を 1 列 × 5 行に変更し、列の横幅を「auto」にします。行の高さやグリッドコンテナの高さは、基本的に画面幅が 1024px 以下の場合と同じです。grid-template-rows にサイドバー A の行の高さ「auto」を追加しています。

画面幅 375px　　画面幅 768px

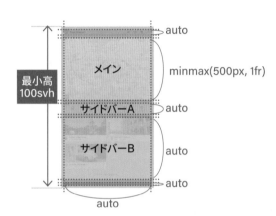

なお、サイドバー A に入れた縦並びメニュー <ul class="menu-vertical"> は、レスポンシブの設定がしてありません。ここでは簡単な手順でリンクを横並びにしたいので、P.231 の「アイコン付きリンクを横並びにしたメニュー（menu-horizontal）」の CSS を追加し、メディアクエリで囲んで画面幅が 768px 以下のときに適用します。同時に、縦並びメニュー（menu-vertical）の CSS は画面幅が 768px より大きいときに適用するようにします。

これで <ul> に menu-horizontal クラスを追加すれば、画面幅が 768px 以下では横並び、768px より大きいときは縦並びになります。以上で、聖杯レイアウトを使った Web アプリの UI 構築は完了です。

```
<!-- サイドバー A -->
<div class="side-a scrollbar">
    <ul class="menu-vertical
    menu-horizontal text-xsmall-mobile">
        …略…
    </ul>
</div>
…略…
```

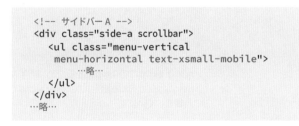

※.text-xsmall-mobileはモバイルでのフォントサイズを小さくするクラスで、P.108のセットに用意してあります。

```
.holy {
  …略…
  @media (width <= 768px) {
    grid-template-areas:
      "header"
      "main"
      "side-a"
      "side-b"
      "footer";
    grid-template-columns: auto;
    grid-template-rows:
     auto minmax(500px, 1fr) auto auto auto;
    height: auto;
    min-height: 100svh;
  }
}
…略…
```

```
/* アイコン付きリンク：縦並びメニュー */
@media (width > 768px) {
  .menu-vertical {
    …略…
  }
}

/* アイコン付きリンク：横並びメニュー */
@media (width <=768px) {
  .menu-horizontal {
    display: grid;
    …略…
  }
}

/* カード UI （グリッドビューレイアウト） */
…略…
```

P.231のCSSを追加

中身に合わせた高さになって縦スクロールバーが表示されない

よくあるトラブル

聖杯レイアウトでは P.283 のようにグリッドアイテムのサイドバー（.side-b）に overflow-y を適用し、P.186 の 3 つの条件を不成立にすることで、必要に応じて縦スクロールバーが表示されるようにしています。

しかし、次のように overflow-y をサイドバーの中身（.cards）に適用して構成した場合、縦スクロールバーが表示されず、中身に合わせた高さになってしまいます。この場合、原因は P.270 のケースと同じですので、行の高さを 1fr から minmax(0, 1fr) に変更して最小サイズが 0 で処理されるようにすれば、スクロールバーを表示できます。

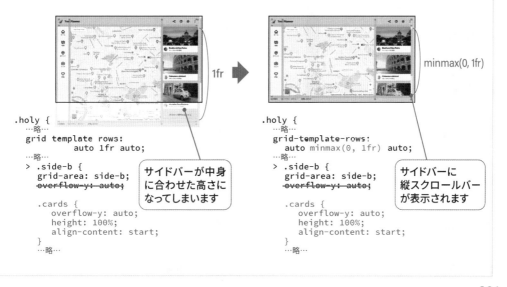

1fr

minmax(0, 1fr)

```
.holy {
  …略…
  grid template rows:
          auto 1fr auto;
  …略…
> .side-b {
    grid-area: side-b;
    overflow-y: auto;

    .cards {
      overflow-y: auto;
      height: 100%;
      align-content: start;
    }
    …略…
```

サイドバーが中身に合わせた高さになってしまいます

```
.holy {
  …略…
  grid-template-rows:
    auto minmax(0, 1fr) auto;
  …略…
> .side-b {
    grid-area: side-b;
    overflow-y: auto;

    .cards {
      overflow-y: auto;
      height: 100%;
      align-content: start;
    }
    …略…
```

サイドバーに縦スクロールバーが表示されます

5.15 ダッシュボードUI

Grid Practice

ダッシュボード UI は Web アプリなどのシステムで使用される画面で、各種データを一元化して表示するのに使います。ヘッダー、サイドバー、メイン部分で構成し、サイドバーはアニメーション付きで開閉するようにします。レスポンシブでモバイルに対応する設定は P.298 で行います。

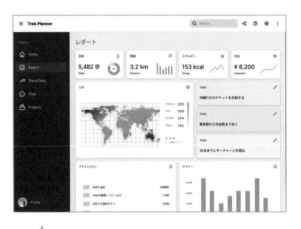

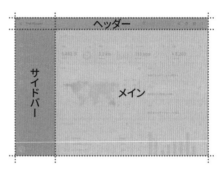

ここではヘッダーを横幅いっぱいに表示した形で構築していきますが、サイドバーを高さいっぱいに表示することも可能です。グリッドで構成していれば簡単に変更できますので、P.305 でカスタマイズを行います。

ダッシュボードUIの構造をグリッドで構成する

ダッシュボードUIの構造をグリッドのエリアで構成します。<div class="dashboard"> でヘッダー（header）、メイン（main）、サイドバー（side）の３つのエリアを用意し、同じクラス名の要素（グリッドアイテム）を配置します。列のトラックサイズは「280px auto」と指定し、サイドバーの横幅を 280px にします。

全体の高さは画面に合わせるため、P.268 のパンケーキ・スタック・レイアウトと同じように 100svh と指定し、行のトラックサイズを「auto 1fr」にします。

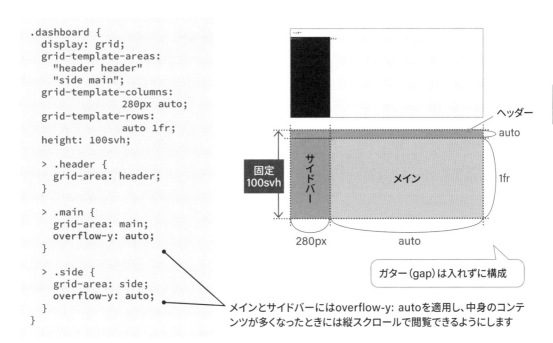

```css
.dashboard {
  display: grid;
  grid-template-areas:
    "header header"
    "side main";
  grid-template-columns:
              280px auto;
  grid-template-rows:
              auto 1fr;
  height: 100svh;

  > .header {
    grid-area: header;
  }

  > .main {
    grid-area: main;
    overflow-y: auto;
  }

  > .side {
    grid-area: side;
    overflow-y: auto;
  }
}
```

ヘッダー

auto

固定 100svh

サイドバー

メイン

1fr

280px

auto

ガター（gap）は入れずに構成

メインとサイドバーにはoverflow-y: autoを適用し、中身のコンテンツが多くなったときには縦スクロールで閲覧できるようにします

```html
<div class="dashboard">
  <!-- ヘッダー -->
  <header class="header background-white border-bottom"> ヘッダー </header>

  <!-- メイン -->
  <main class="main background-whitesmoke"> メイン </main>

  <!-- サイドバー -->
  <div class="side dark-bar"> サイドバー </div>
</div>
```

※ヘッダーに適用した.background-whiteは背景を白色に、.border-bottomは下辺ボーダーを挿入するクラスです。メイン部分に適用した.background-whitesmokeは背景を薄いグレーに、サイドバーに適用した.dark-barは暗い青色のバーの形にします。いずれのクラスもP.108のセットに用意してあります。

ヘッダーを入れる

各エリアにコンテンツを入れていきます。ま
ずは、ヘッダーを P.235 の検索フォームを
含む <header> に置き換えます。
このヘッダーには左端にアクションボタン
<button class="action"> を用意してあり
ますので、サイドバーを開閉するボタンとし
て使用します。ボタンを機能させる設定はあ
とから行います。

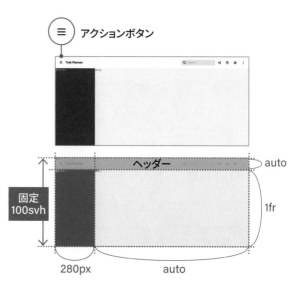

```
<div class="dashboard">
  <!-- ヘッダー -->
  <header class="header background-white border-bottom">
    <button aria-label=" メニュー" class="action">…</button>
    <div class="site"><a href="#">Trek Planner</a></div>
    …略…
  </header>

  <!-- メイン -->
  …略…
</div>
```

```
.dashboard {
  …略…
}

/* ヘッダー */
.header {…略…}
```

P.235のヘッダーの
CSSを追加

メインコンテンツを入れる

メインエリア <main class="main"> には、
メインコンテンツとして P.258 のカード UI
（Bento UI）で構築したデータカードの一
覧 <div class="datacards-bento"> を入
れます。さらに、一覧の上には「レポート」
という見出し <h1> も追加します。
<main> に は P.293 で overflow-y: auto
を適用してありますので、メインエリアの中
身は縦スクロールで閲覧できます。

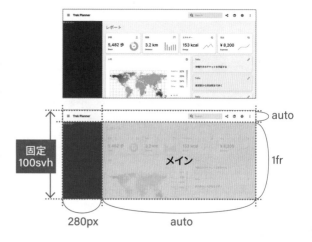

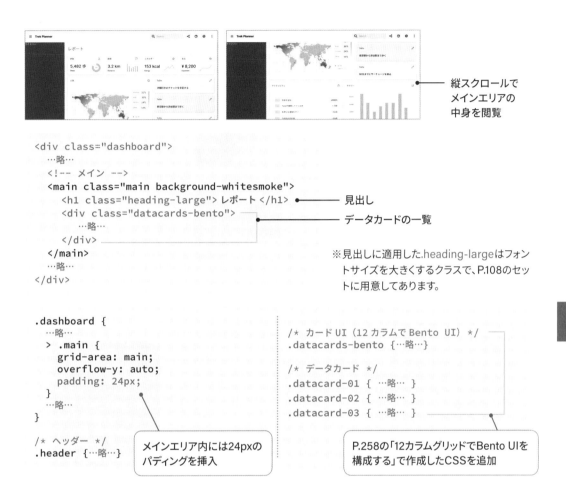

縦スクロールで
メインエリアの
中身を閲覧

```
<div class="dashboard">
    …略…
    <!-- メイン -->
    <main class="main background-whitesmoke">
        <h1 class="heading-large"> レポート </h1>
        <div class="datacards-bento">
            …略…
        </div>
    </main>
    …略…
</div>
```

見出し

データカードの一覧

※見出しに適用した.heading-largeはフォン
トサイズを大きくするクラスで、P.108のセッ
トに用意してあります。

```
.dashboard {
    …略…
    > .main {
      grid-area: main;
      overflow-y: auto;
      padding: 24px;
    }
    …略…
}

/* ヘッダー */
.header {…略…}
```

```
/* カード UI（12 カラムで Bento UI）*/
.datacards-bento {…略…}

/* データカード */
.datacard-01 { …略… }
.datacard-02 { …略… }
.datacard-03 { …略… }
```

メインエリア内には24pxの
パディングを挿入

P.258の「12カラムグリッドでBento UIを
構成する」で作成したCSSを追加

■ メインエリアの横幅に応じてメインコンテンツのレイアウトが変わるのを確認する

データカードの一覧は P.260 のようにコンテナクエリ @container を使い、グリッドコンテナの
横幅に応じてレイアウトが変わるようにしてあります。そのため、<main> 内に入れると、メイン
エリアの横幅に応じてレイアウトが変わります。

メインエリアの幅 480pxより小

メインエリアの幅 480px以上

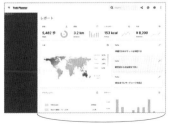

メインエリアの幅 960px以上

サイドバーにメニューを入れる

サイドバー <main class="side"> には、P.231 の縦並びメニュー <div class="menu-vertical"> を入れます。

メニューの上には「Menu」という見出し <h2> を追加します。メニューの下には P.227 のアイコンとテキストを横に並べたリンク <a class="with-icon-horizontal"> を追加し、プロフィール情報へのリンクとして使います。

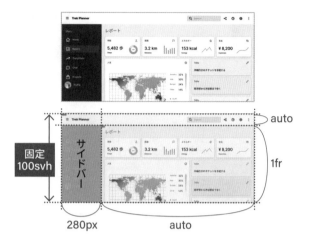

```
<div class="dashboard">
   …略…
   <!-- サイドバー -->
   <div class="side dark-bar">
      <h2>Menu</h2>

      <ul class="menu-vertical"> …略… </ul>

      <a href="#" class="with-icon-horizontal profile">
         <img src="../assets/avatar/3.jpg"
          alt="account" width="48" height="48" />
         Profile
      </a>
   </div>
</div>
```

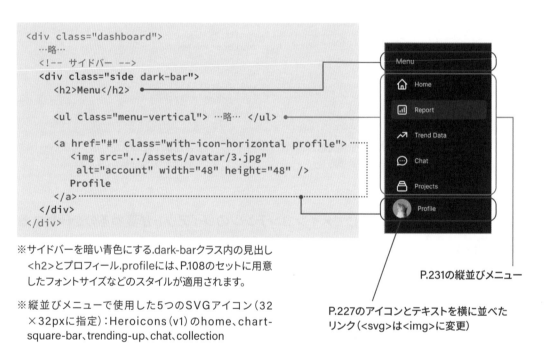

※サイドバーを暗い青色にする.dark-barクラス内の見出し <h2>とプロフィール.profileには、P.108のセットに用意したフォントサイズなどのスタイルが適用されます。

※縦並びメニューで使用した5つのSVGアイコン（32 ×32pxに指定）：Heroicons（v1）のhome、chart-square-bar、trending-up、chat、collection

P.231の縦並びメニュー

P.227のアイコンとテキストを横に並べた リンク（<svg>は<img>に変更）

```
.dashboard {
  …略…
  > .side {
    grid-area: side;
    overflow-y: auto;
    padding: 16px;
  }
}
…略…
```

サイドバー内には16pxの
パディングを挿入

```
.datacard-03 { …略… }

/* アイコン付きリンク：縦並びメニュー */
.menu-vertical { …略… }

/* アイコン付きリンク：横並び */
.with-icon-horizontal { …略… }
```

P.230の.menu-verticalと、P.227の
.with-icon-horizontalのCSSを追加

■ 見出しとメニュー以外はサイドバーの下部に配置する

見出し <h2> と縦並びメニュー <ul class="menu-vertical"> はサイドバーの上部に、それ以外
（プロフィール情報 <a>）は下部に配置します。そのため、<div class="side"> でグリッドを
構成します。grid-template-rows を「auto 1fr」と指定し、2 行の明示的なグリッドを構成して
見出しとメニューを自動配置します。プロフィール情報は自動生成される 3 行目（暗黙的なグリッ
ド）に自動配置します。これは、P.229 のアイコン付きリンクや P.234 のヘッダーと同じように
明示的なグリッドと暗黙的なグリッド（自動生成されるグリッド）を組み合わせたもので、行が
増える方向で使用しています。

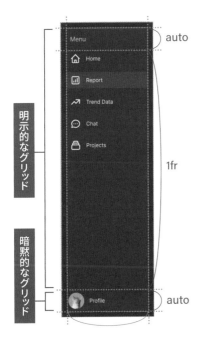

```
.dashboard {
  …略…
  > .side {
    grid-area: side;
    display: grid;
    grid-template-rows: auto 1fr;
    overflow-y: auto;
    padding: 16px;
  }
}
…略…
```

サイドバーをアニメーション付きで開閉させる

ヘッダーのボタンをクリックしたら、サイドバーをアニメーション付きで開閉させます。ここではボタンクリックでグリッドコンテナ <div class="dashboard"> に is-toggled クラスを追加し、is-toggled クラスがある場合は1列目の横幅を 280px から 0px に変更します。

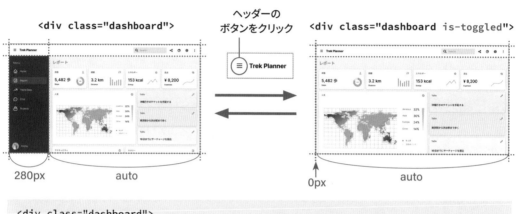

```
<div class="dashboard">
  <!-- ヘッダー -->
  <header class="header background-white border-bottom">
    <button aria-label=" メニュー " class="action"
     onClick="document.querySelector('.dashboard').classList.toggle('is-toggled')">
        …略…
    </button>
    …略…
```

> classList.toggle()で、<div class="dashboard">に
> is-toggledクラスがない場合は追加、ある場合は削除します

```
.dashboard {
  …略…
  grid-template-columns: 280px auto;
  grid-template-rows: auto 1fr;
  height: 100svh;
  transition: grid-template-columns 0.5s;

  /* サイドバーの開閉 (.is-toggled があれば閉じる) */
  &.is-toggled {
    grid-template-columns: 0px auto;
  }

  > .header {
    grid-area: header;
    z-index: 1;
  }
```

```
  > .main {
    grid-area: main;
    z-index: 1;
    overflow-y: auto;
    padding: 24px;
  }

  > .side {
    grid-area: side;
    display: grid;
    grid-template-columns:
        minmax(max-content, auto);
    grid-template-rows: auto 1fr;
    overflow-x: hidden;
    overflow-y: auto;
    padding: 16px;
  }
}
```

> ヘッダーとメインのz-indexは「1」にして、サイドバーの上に重ねます。詳しくはP.300を参照してください

transition を指定してボタンをクリックすると、次のように列の横幅がアニメーションで変化します。もう一度ボタンをクリックすると元に戻ります。

ボタンをクリック　　　　　　　　　　　　　　　　　　　　　　　　　　ボタンをクリック

なお、開閉によってサイドバー <div class="side"> の横幅が小さくなると、<div class="side"> で構成したグリッドコンテナも横幅が小さくなります。その結果、トラックがオーバーフローしてグリッドコンテナに横スクロールバーが表示されます。さらに、列のトラックサイズ（横幅）は P.194 と同じように最小コンテンツサイズ（min-content）になりますので、中身のテキストに改行が入ります。

ここでは横スクロールバーの表示を防ぐため、<div class="side"> に overflow-x: hidden を適用し、オーバーフローを非表示にします。grid-template-columns は「minmax(max-content, auto)」と指定し、列のトラックサイズが最低でも最大コンテンツサイズ（max-content）を保つようにして、テキストに改行が入らないようにしています。

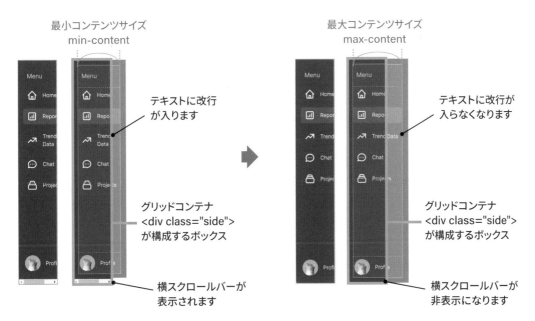

横幅を0にしてオーバーフローはoverflow-x: hiddenで隠しているのにパディングがオーバーフローして表示される

サイドバーを閉じると <div class="side"> の横幅が 0 になります。中身はオーバーフローしますが、overflow-x: hidden で隠していますので画面に表示されることはないはずです。

しかし、実際には横幅が 0 になると次のように少しだけサイドバーが残ります。Chrome のデベロッパーツールで <div class="side"> を選択すると緑色にハイライトされることから、パディングの部分が残っていることがわかります。サイズを確認すると、<div class="side"> が構成するボックスの横幅は 0 に、左右パディングは 16px になっています。

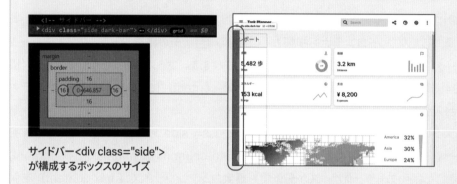

サイドバー<div class="side">
が構成するボックスのサイズ

P.108 のセットで用意したリセット CSS により、サイドバーには box-sizing: border-box が適用され、パディングは横幅に含める設定になっています。しかし、CSS の width と height の仕様で「横幅と高さはネガティブなサイズにならない」と規定されていることから、横幅が 0 のボックスにパディングは含まれず、オーバーフローした形になります。

さらに、overflow の仕様では「ボックスの外側に飛び出したボックスの中身（コンテンツ）のことをオーバーフローと呼び、その扱いを overflow で指定する」と規定されています。パディングはボックスを構成するもので、ボックスの中身（コンテンツ）ではありません。そのため、<div class="side"> に overflow-x: hidden を適用していても、パディングは隠れないというわけです。

このパディングを隠す方法はいろいろとありますが、サンプルの場合はサイドバーを閉じるとメイン部分が画面の横幅いっぱいに表示されます。そのため、メイン部分 <main> に z-index: 1 を適用し、サイドバーの上に重ねることでパディングを隠しています。また、P.305 のようにカスタマイズすることも想定し、ヘッダー <header> にも z-index: 1 を適用しています。

モバイルではボタンをクリックしたらサイドバーを表示する

モバイルではサイドバーを非表示にして、ボタンをクリックしたら画面の横幅いっぱいに表示します。ただし、0 から auto にアニメーションで変化させることはできないため、1 列目の横幅を 0% から 100% に変化させます。もう一度ボタンをクリックすると、元に戻ります。

ボタンをクリック　　　　　　　　　　　　　　　　　　　　　　　　ボタンをクリック

5

Grid Practice

画面幅が768px以下のときに適用

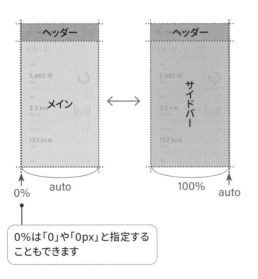

0%は「0」や「0px」と指定することもできます

```css
.dashboard {
  …略…

  /* モバイル */
  @media (width <= 768px) {
    grid-template-columns: 0% auto;
    overflow-x: hidden;

    /* メニューの開閉（.is-toggled があれば開く）*/
    &.is-toggled {
      grid-template-columns: 100% auto;
    }

    > .main {
      min-width: 320px;
    }
  }
}
```

メインの最小幅は320pxに指定

301

メイン <main class="main"> の最小幅 min-width は 320px に指定しています。これは、横幅が小さくなっていくときにテキストに改行が入ったり、データカードの横幅が小さくなりすぎるのを防ぐためです。

親要素の <div class="dashboard"> には overflow-x: hidden を適用し、画面からオーバーフローする <main> を隠しています。以上で、ダッシュボードUI は完成です。

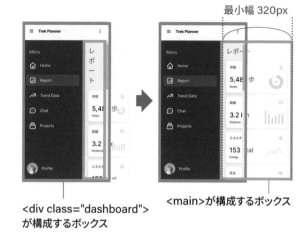

最小幅 320px

<div class="dashboard"> が構成するボックス

<main>が構成するボックス

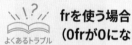

frを使う場合（0frが0にならない）

fr を使ってサンプルと同じようにアニメーションさせる場合、1列目は 0fr から 1fr に、2列目は 1fr から 0fr に変化させることを考えます。しかし、0fr は minmax(auto, 0fr) となり、最小トラックサイズが P.190 のように auto で処理されます。その結果、1列目が 0fr のときはサイドバーのパディング分のサイズに、2列目が 0fr のときはメインの最小幅（320px）になり、機能しません。

機能させるためには 0fr は minmax(0, 0fr)、1fr は minmax(0, 1fr) と指定し、それぞれの最小トラックサイズを 0 にして処理させます。

```
grid-template-columns:
        minmax(0, 0fr) minmax(0, 1fr);
&.is-toggled {
    grid-template-columns:
        minmax(0, 1fr) minmax(0, 0fr);
}
```

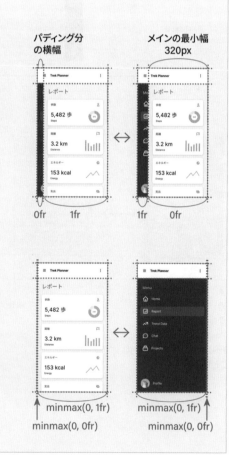

パディング分の横幅

メインの最小幅 320px

0fr　1fr　　1fr　0fr

minmax(0, 1fr)　minmax(0, 1fr)

minmax(0, 0fr)　minmax(0, 0fr)

positionを使ってサイドバーを開閉する場合

サイドバーの開閉は position を使って設定することもできます。

たとえば、モバイルでのサイドバーを position で画面外に配置しておき、ボタンクリックで画面内にスライドインさせると次のようになります。ここでは絶対位置指定の基準（包含ブロック）をメインエリアに設定し、ヘッダーの下でスライドするようにしています。

グリッドの列の横幅を変化させないため、サイドバー以外のレイアウトはそのままとなります。

```css
.dashboard {
  …略…
  grid-template-rows: auto 1fr;
  position: relative;
  height: 100svh;
  transition: grid-template-columns 0.5s;

  …略…
  /* モバイル */
  @media (width <= 768px) {
    grid-template-columns: 0px auto;

    > .side {
      grid-area: main;
      position: absolute;
      top: 0;
      left: -100%;
      z-index: 2;
      width: 100%;
      height: 100%;
      transition: transform 0.5s;
    }

    /* メニューの開閉 (.is-toggledがあれば開く) */
    &.is-toggled > .side {
      transform: translateX(100%);
    }
  }
}
```

5

Grid Practice

ボタンをクリック

ボタンをクリック

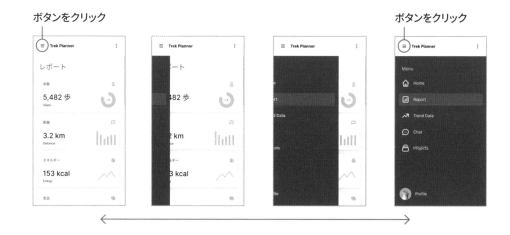

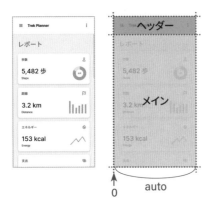

設定は次のようにしています。まず、\<div class="dashboard"\> の grid-template-columns を「0 auto」と指定し、1列目の横幅を 0 にします。これでヘッダーとメインだけが表示されます。

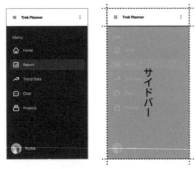

次に、サイドバー \<div class="side"\> を grid-area で「main（メインエリア）」に配置し、z-index: 2 でメインコンテンツの上に重ねます。

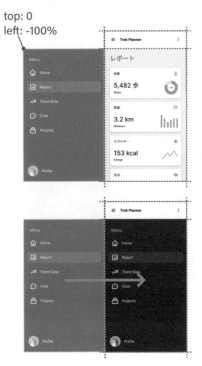

グリッドコンテナの \<div class="dashboard"\> に position: relative を、グリッドアイテムのサイドバー \<div class="side"\> に position: absolute を適用します。P.208 のように配置先（メインエリア）が絶対位置指定の基準（包含ブロック）になりますので、top: 0、left: -100% と指定し、画面外に配置します。width と height は 100% と指定し、包含ブロックに合わせたサイズにしています。

あとは、ボタンクリックで is-toggled クラスが追加されたら、transform: translateX(100%) で画面内に移動させます。transition を適用すると、スライドインのアニメーションになります。

サイドバーを高さいっぱいに表示する場合

ダッシュボード UI でサイドバーを画面の高さいっぱいに表示する場合、grid-template-areas で「side」エリアの範囲を広げます。サイドバーの開閉もそのままの設定で機能します。

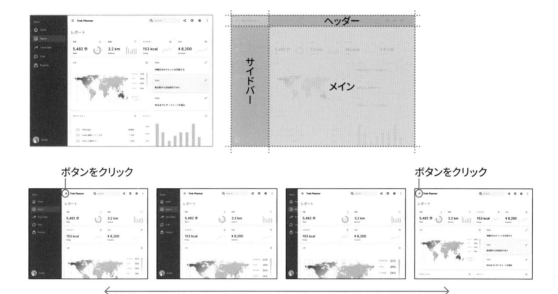

モバイルについては、P.301 のようにサイドバーを横幅いっぱいに表示するとヘッダーのボタンが押せなくなってしまいます。そのため、サイドバーを 0px から 280px に変化させるようにしています。

```
.dashboard {
  display: grid;
  grid-template-areas:
    "side header"
    "side main";
…略…

  /* モバイル */
  @media (width <= 768px) {
    grid-template-columns: 0px auto;
    overflow-x: hidden;

    /* メニューの開閉 (.is-toggled があれば開く) */
    &.is-toggled {
      grid-template-columns: 280px auto;
    }
…略…
```

※モバイルの設定はP.301のCSSを元にカスタマイズしています

Grid Practice

5

5.16 チャットUI

Grid Practice

チャット UI はカスタマーサービスや AI アシスタントといった会話形式のツールで使用され、メッセージの表示エリアと送信フォームで構成します。フォームは画面下部に固定し、メッセージの入力に応じて入力欄のサイズが変わってもレイアウトが崩れないようにします。

チャットUIの構造をグリッドで構成する

チャット UI の構造は <div class="chat"> のグリッドで構成します。ここでは grid-template-areas で 2 列 × 3 行のメイングリッドを構成し、メッセージ <div class="messages"> とフォーム <form class="form"> を配置します。フォームは 2 列 × 2 行に配置し、列と行の両方をサブグリッドにして、3 つのアイテム（入力欄、送信ボタン、注意書き）を自動配置します。

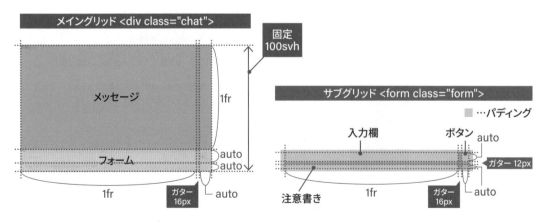

```
.chat {
  display: grid;
  grid-template-areas:
    "messages messages"
    "form form"
    "form form";
  grid-template-columns: 1fr auto;
  grid-template-rows: 1fr auto auto;
  column-gap: 16px;
  height: 100svh;

  > .messages {
    grid-area: messages;
    overflow-y: auto;
  }

  > .form {
    grid-area: form;
    display: grid;
    grid-template-columns: subgrid;
    grid-template-rows: subgrid;
    row-gap: 12px;
    align-items: center;
    padding: 16px 24px;
  }
}
```

列のトラックサイズは2列目をautoと指定し、フォームの送信ボタンに合わせた横幅にします。

行のトラックサイズは2列目と3列目をautoと指定し、フォームの構成要素に合わせた高さにします。入力欄の高さが変われば、それに合わせて行の高さも変わります。

列のガターは16pxと指定し、入力欄とボタンの間隔を調整します。

全体の高さは画面に合わせるため、P.268のパンケーキ・スタック・レイアウトと同じように100svhと指定します。

メッセージの表示エリアにはoverflow-y: autoを適用し、メッセージが多くなったときには縦スクロールで閲覧できるようにします。

サブグリッドでは行のガターを12pxにして、入力欄と注意書きの間隔を調整します。

align-itemsでは入力欄とボタンが縦方向中央（center）で揃うようにしています。

フォームのまわりにはパディングで余白を確保。

メッセージの表示エリアには仮のテキストを記述。

```
<div class="chat">
  <!-- メッセージ -->
  <div class="messages scrollbar"> メッセージ </div>

  <!-- フォーム -->
  <form class="form background-bluegray">

    <!-- 入力欄 -->
    <label for="message" class="sr-only"> メッセージを入力 </label>
    <textarea id="message" rows="1" placeholder="Message" class="scrollbar"></textarea>

    <!-- 送信ボタン -->
    <button type="submit" aria-label=" 送信 " class="background-lightgreen">
      <svg width="16" height="16" …>…略…</svg>
    </button>

    <!-- 注意書き -->
    <div class="text-small">Enter で改行 / Ctrl + Enter または Command + Enter で送信</div>
  </form>
</div>
```

※.background-bluegrayは青灰色、.background-lightgreenは緑色の背景色にします。.scrollbarはスクロールバーを細いグレーに、.text-smallはフォントサイズを小さくするクラスです。.sr-onlyでは入力欄のラベルを非表示にして、#messageでは入力内容に合わせて<textarea>の高さをリサイズする処理を適用します。これらはP.108のセットに用意してあります。

※ボタンで使用したSVGアイコン（16×16pxに指定）：Ioniconsのsend

5

Grid Practice

307

メッセージのレイアウトをグリッドでコントロールする

メッセージの表示エリアにメッセージを表示します。各メッセージはアバター .avatar、テキスト .text、アクションボタン .actions で構成し、<div class="message"> でグループ化します。これらは横並びにしますが、モバイルではアクションボタンをテキストの下に配置します。また、3 つのうち 2 つ目のメッセージはアクションボタンがない状態にしています。

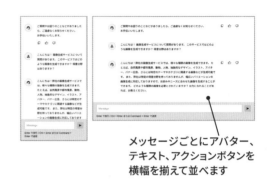

メッセージごとにアバター、テキスト、アクションボタンを横幅を揃えて並べます

レイアウトは左右の余白も含めてまとめてコントロールしたいので、メッセージの表示エリア <div class="messages"> でメイングリッドを構成します。ここでは 5 列の構成にして、P.274 のフルブリード・レイアウトと同じように minmax() で両端の列の最小幅を 24px に、中央の列の最大幅を 640px にします。メッセージのテキストには P.270 のようにコード <pre> が含まれる可能性もありますので、中央の列は minmax(auto, 640px) ではなく minmax(0, 640px) と指定し、レイアウトが崩れるのを防ぎます。

各メッセージ <div class="message"> はメイングリッドの列 2 〜 -2（3 列分）に配置し、列をサブグリッドにして 3 つのアイテム（アバター、テキスト、アクションボタン）を自動配置します。

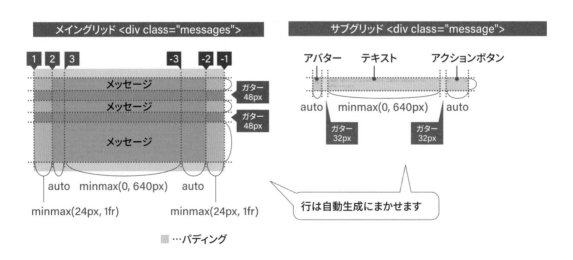

```
.chat {
  …略…
  > .messages {
    grid-area: messages;
    display: grid;
    grid-template-columns:
        minmax(24px, 1fr) auto minmax(0, 640px) auto minmax(24px, 1fr);
    row-gap: 48px;
    align-content: start;
    overflow-y: auto;
    padding-block: 48px;

    > .message {
      grid-column: 2 / -2;
      display: grid;
      grid-template-columns: subgrid;
      column-gap: 32px;
      align-items: start;
    }
  }

  > .form {…略…}
}

}

/* 横並び */
.horizontal {…略…}
```

行のガターは48pxにしてメッセージの間隔を調整

P.223のようにグリッドアイテムの間隔が広がるのを防ぐため、aling-contentはstart(上揃え)に指定

メイングリッドの上下にはパディングで余白を確保

サブグリッドの列のガターは32pxにしてアイテムの間隔を調整

align-itemsでは各アイテムを配置先のstart(上部)に揃えるように指定

P.223の横並びのCSSを追加

5

Grid Practice

```
<div class="chat">
  <!-- メッセージ -->
  <div class="messages scrollbar">
    <div class="message">
      <div class="avatar"><svg width="24" height="24" …>…略…</svg></div>
      <div class="text">ご質問やお困りのことなどがありましたら…略…お手伝いいたします。</div>
      <div class="actions horizontal">…略…</div>
    </div>
    <div class="message">
      <div class="avatar"><svg width="24" height="24" …>…略…</svg></div>
      <div class="text">こんにちは！ 画像生成サービスについて質問があります。…略…</div>
    </div>
    <div class="message">
      <div class="avatar"><svg width="24" height="24" …>…略…</svg></div>
      <div class="text">こんにちは！弊社の画像生成サービスでは、…略…</div>
      <div class="actions horizontal">…略…</div>
    </div>
  </div>

  <!-- フォーム -->
  <form class="form background-bluegray">…略…</form>
</div>
```

アクションボタンはP.223で横並びにした<div class="horizontal">を使用

※チャットUI(.chat)内の.avatarにはアバターを円形のデザインにするスタイル、.textにはテキストの行間を調整するスタイルが適用されます。P.108のセットに用意してあります。

※アバターで使用したSVGアイコン(24×24pxに指定)：Material SymbolsのSupport Agent、Person

309

■ レスポンシブにする

モバイルではアクションボタンをテキストの下に配置して、レスポンシブにします。ここではメイングリッドの構成を変えずに対応するため、各メッセージ <div class="message"> をメイングリッドの列 2 〜 -3（2 列分）に配置します。これでサブグリッドが 2 列の構成になり、アクションボタン <div class="actions"> は自動生成された 2 行目に自動配置されます。ただ、そのままでは 1 列目に自動配置されるため、grid-column で列の配置先を 2 列目に指定しています。

サブグリッドの行のガターは 20px にして、テキストとアクションボタンの間隔を調整します。

なお、メイングリッドの 4 列目（列 -3 〜 -2）は配置したアイテムがなくなり、横幅が 0 になります。以上で、チャット UI は完成です。

メイングリッドの横幅を基準にレスポンシブにするため、<div class="messages"> にcontainer-typeを指定

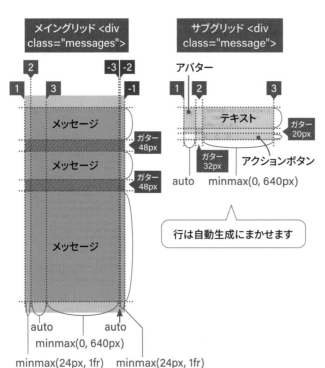

行は自動生成にまかせます

```
…略…
> .messages {
  …略…
  padding-block: 48px;
  container-type: inline-size;

> .message {
  grid-column: 2 / -2;
  display: grid;
  grid-template-columns: subgrid;
  column-gap: 32px;
  row-gap: 20px;
  align-items: start;

  @container (width <= 768px) {
    grid-column: 2 / -3;

    .actions {
      grid-column: 2;
    }
  }
}
}
…略…
```

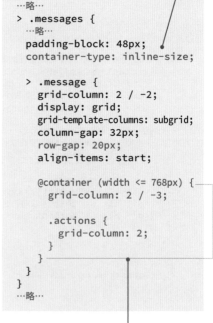

コンテナクエリ@containerで、メッセージエリアの横幅が768px以下になったらアクションボタンの配置を変える設定を適用

ダッシュボードUIに入れて使用する場合

P.292 のダッシュボード UI のコードを用意し、メインエリア <main> 内にチャット UI<div class="chat"> を入れると次のようになります。配置先の高さに合わせるため、<div class="chat"> の height は 100svh から 100% に変更します。サイドバーを開閉してもチャット UI のレイアウトに問題がないことを確認したら設定完了です。

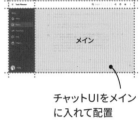

チャットUIをメイン
に入れて配置

ボタンをクリック　　　　　　　　　　　　　　　　　　　　　　　　　　　　　ボタンをクリック

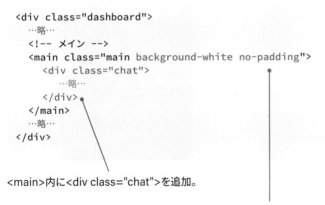

```
<div class="dashboard">
  …略…
  <!-- メイン -->
  <main class="main background-white no-padding">
    <div class="chat">
      …略…
    </div>
  </main>
  …略…
</div>
```

<main>内に<div class="chat">を追加。

メインエリアは.background-whiteで背景を白色にして、.no-paddingでパディングを削除しています。これらはP.108のセットに用意してあります。

```
.dashboard {
  …略…
}
…略…

/* チャット UI */
.chat {
  …略…
  column-gap: 16px;
  height: 100%;
  …略…
}

/* 横並び */
.horizontal {…略…}
```

ダッシュボードUIのCSSにチャットUIのCSSを追加。高さは100%に変更しています。

デベロッパーツールでグリッドの構成を確認する

グリッドの構成を確認するためには、Chrome のデベロッパーツールを使用します。Chrome の
メニューから［その他のツール＞デベロッパーツール］を選択し、Elements パネルを開きます。

Elements パネルには HTML コードが表示され、CSS グリッドのコンテナ（display: grid を適
用した要素）には「grid」バッジが付加されています。このバッジをクリックしてオンにすると、
そのコンテナで構成したグリッドがオーバーレイで画面に表示されます。サブグリッドを使用した
ものには「subgrid」バッジが付加されていますので、同じようにオンにすることで構成を表示で
きます。

Elementsパネル

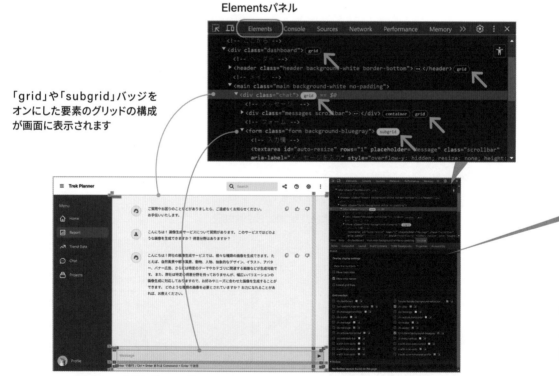

「grid」や「subgrid」バッジを
オンにした要素のグリッドの構成
が画面に表示されます

ここではP.311のようにダッシュボードUIに入れたチャットUIの<div class="chat">と
<form>のグリッドの構成を表示しています

オーバーレイで表示するグリッドの情報や色などは、Layout ペインの［Grid］セクションで指定します。

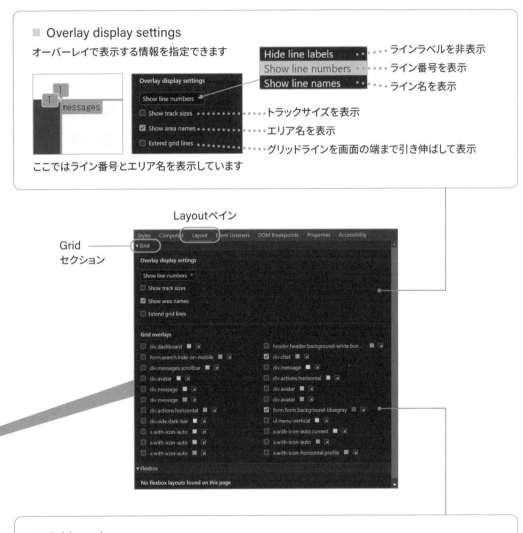

■ Overlay display settings
オーバーレイで表示する情報を指定できます

Hide line labels ···· ラインラベルを非表示
Show line numbers ···· ライン番号を表示
Show line names ···· ライン名を表示

Show track sizes ······ トラックサイズを表示
Show area names ······ エリア名を表示
Extend grid lines ······ グリッドラインを画面の端まで引き伸ばして表示

ここではライン番号とエリア名を表示しています

Layoutペイン

Grid
セクション

■ Grid overlays
コード内のグリッドの一覧を確認し、オーバーレイの色を指定できます

ここをチェックすることでもオーバーレイが表示されます

313

■ Appendix

グリッドと組み合わせて使用しているモダンCSS

Chapter 5 の実践サンプルでは、CSS グリッドといっしょに次のようなモダン CSS を使用することで、コードをよりわかりやすい形で記述し、効率よくレイアウトをコントロールしています。

ネスト記法

CSS のセレクタは右のようにネストした形で書くことで、関連するコードをまとめ、可読性や保守性を向上させます。

```css
.grid {
    display: grid;
}

.grid h1 {
    grid-column: 1 / 2;
}

.grid > .item {
    grid-column: 1 / 2;
}

.grid::after {
    grid-column: 1 / 2;
}

@media (width <= 768px) {
    .grid {
        gap: 10px;
    }
}
```

▶

```css
.grid {
    display: grid;

    & h1 {
        grid-column: 1 / 2;
    }

    > .item {
        grid-column: 1 / 2;
    }

    &::after {
        grid-column: 1 / 2;
    }

    @media (width <= 768px) {
        gap: 10px;
    }
}
```

※「.grid h1」のような子孫セレクタは、ネスト記法では「& h1」と記述しますが、&を省略して「h1」とだけ記述することも可能です。ただし、h1のような要素セレクタの「&」を省略する記述には主要ブラウザが2023年末に対応したばかりなため、本書では省略せずに記述しています。

比較演算子を使ったクエリの範囲指定

メディアクエリ @media やコンテナクエリ @container で範囲を指定するとき、比較演算子（<= など）を使った Range シンタックス（範囲構文）で記述します。

```
@media (max-width: 768px) { … }
```
▶
```
@media (width <= 768px) { … }
```

```
@media (min-width: 768px) { … }
```
▶
```
@media (width >= 768px) { … }
```

コンテナクエリ

メディアクエリが画面幅を基準とするのに対し、コンテナクエリは特定の要素の横幅を基準に CSS を適用します。基準とする要素には container-type: inline-size を適用し、@container で横幅の範囲を指定します。

右のように @container を指定した場合、<div class="grid"> の横幅が 768px 以上のときに .item に CSS が適用されます。

```
.grid {
  display: grid;
  container-type: inline-size;

  @container (width >= 768px) {
    > .item {
      grid-column: 1 / 2;
    }
  }
}

<div class="grid">
  <div class="item"> … </div>
</div>
```

:has() 擬似クラス

:has() 擬似クラスを使うと、指定した要素がある場合に CSS を適用できます。右のように指定すると、<div class="grid"> 内に .item クラスを持つ子要素がある（『.grid .item』セレクタと一致する要素がある）ときに <div class="grid"> に CSS が適用されます。

```
.grid:has(.item) { … }

<div class="grid">
  <div class="item"> … </div>
</div>
```

索引

■著者紹介

エビスコム

https://ebisu.com/

Web と出版を中心にフロントエンド開発・制作・デザインを行っています。
HTML/CSS、WordPress、GatsbyJS、Next.js、Astro、Docusaurus、Figma、etc.

主な編著書： 『作って学ぶ WordPress ブロックテーマ』マイナビ出版刊
『作って学ぶ Next.js/React Web サイト構築』マイナビ出版刊
『作って学ぶ HTML & CSS モダンコーディング』同上
『HTML5 & CSS3 デザイン　現場の新標準ガイド【第 2 版】』同上
『Web サイト高速化のための 静的サイトジェネレーター活用入門』同上
『WordPress ノート クラシックテーマにおける theme.json の影響と対策 2023』エビスコム電子書籍出版部刊
『Astro v2 と TinaCMS でシンプルに作るブログサイト』同上
『HTML&CSS コーディング・プラクティスブック 1 〜 8』同上
ほか多数

■ STAFF

編集・DTP： エビスコム
カバーデザイン： 霜崎 綾子
担当： 角竹 輝紀、藤島 璃奈

作って学ぶ　HTML + CSS グリッドレイアウト

2024 年 2 月 26 日　初版第 1 刷発行

著者　　　　エビスコム
発行者　　　角竹 輝紀
発行所　　　株式会社マイナビ出版
　　　　　　〒 101-0003　東京都千代田区一ツ橋 2-6-3 一ツ橋ビル 2F
　　　　　　　　　TEL：0480-38-6872（注文専用ダイヤル）
　　　　　　　　　TEL：03-3556-2731（販売）
　　　　　　　　　TEL：03-3556-2736（編集）
　　　　　　　　　E-Mail：pc-books@mynavi.jp
　　　　　　　　　URL：https://book.mynavi.jp
印刷・製本　　株式会社ルナテック

© 2024 Ebisucom , Printed in Japan
ISBN978-4-8399-8496-0